꽁냥꽁냥
고양이 자수

꽁냥꽁냥 고양이 자수

전지선 지음

팜파스

2015년.
반려묘 봉지를 만난 후로 제겐 많은 변화가 생겼습니다.
시선의 끝에 항상 고양이가 있었고, 이 노랗고 보드라운 생명에 제 마음을
완전히 뺏겨버렸지요. 그리고 결국 봉지가 이 책을 탄생시켰습니다.

약 2년 전, 처음 혼자서 자수 공부할 때를 생각해보면,
몇 날 며칠을 몰입해 겨우 작품 하나를 만들어내면서도 그 뿌듯함이란
말로 다 할 수 없었지요.
그 기쁨을 이 책을 통해 자수를 배우는 분들도 꼭 느끼셨으면 좋겠습니다.
그리고 심지어 고양이 자수예요.

모든 분들이 나만의 고양이 자수를 즐길 수 있기를 나의 비타민, 봉지와
맛밤과 함께 바라겠습니다.

그리고 특별하게 고마운 사람들.
출간 제안해주신 이진아 실장님과 항상 이 어설픈 영혼을 달래주는
고마운 친구 문영이에게 감사의 말씀을 전합니다.

고맙습니다.

CONTENTS

PART 01

일상 속 냥이

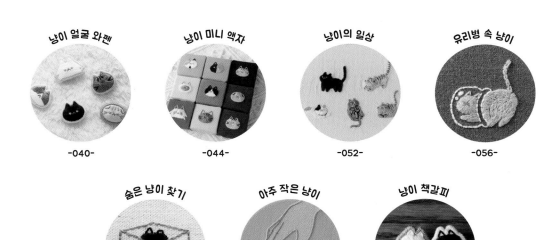

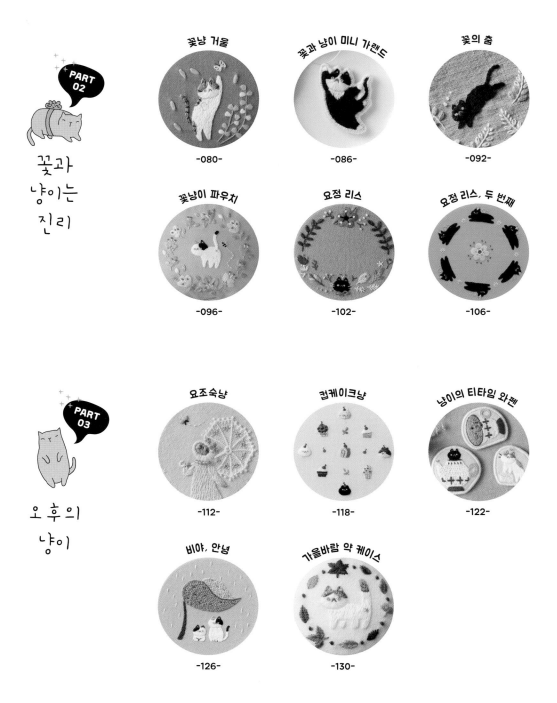

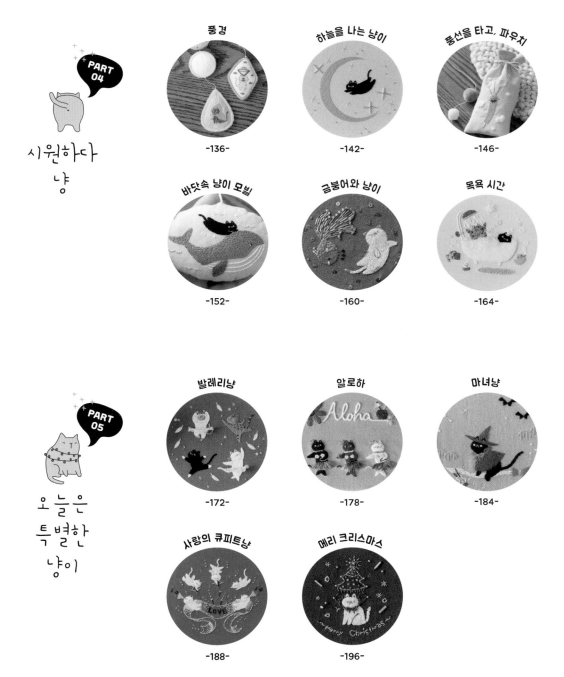

BASIC

시작하기 전에

자수에 필요한 재료와 도구

BASIC
01

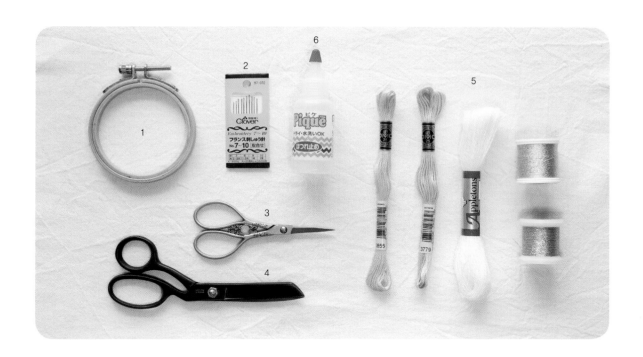

— 1. 수틀 —

원단을 고정해 자수를 편하게 할 수 있게 도와주는 도구입니다. 도안의 크기에 맞는 적당한 사이즈의 수틀을 사용합니다. 작업을 마친 뒤 그대로 액자로도 활용할 수 있습니다.

— 2. 자수 바늘 —

주로 클로버사와 존 제임스사의 자수 전용 바늘을 사용합니다. 바늘 호수가 낮아질수록 바늘의 두께가 굵어지는데, 실 가닥 수에 따라 바늘 크기를 조정합니다. 이 책에서는 대부분 7~10호 바늘을 사용하였습니다(뻣뻣한 원단에 너무 두꺼운 바늘을 사용하면 바늘이 들어갔던 구멍이 눈에 띄어 예쁘지 않으니 주의합니다).

— 3. 자수 가위 —

끝이 뾰족하고 날이 잘 들어 자수 실을 자를 때와 와펜 작업을 할 때 유용합니다.

— 4. 원단용 가위 —

원단을 자를 때 쓰는 대체로 무겁고, 절삭력이 좋은 가위입니다. 기능이 떨어질 수 있으므로 원단을 자를 때만 사용하는 것이 좋고, 다른 용도로는 사용하지 않습니다.

— 5. 자수 실 —

이 책에서는 3종류의 실을 사용하였습니다.

DMC사의 25번사

일반적으로 자수에서 가장 많이 사용하는 실입니다. 총 6가닥이 한 가닥으로 엮여 있어, 필요한 가닥 수만큼 나누어 사용합니다.

메탈릭사

메탈 소재의 반짝거림이 느껴지는 실입니다. 신축성이 좋은 편이 아니어서 끊어지는 경우가 있습니다. 꼬임에 주의하여 사용합니다. 이 책에서는 DMC사의 메탈릭사와 마데이라사의 메탈릭사를 함께 사용하였습니다.

애플톤 울사

따뜻함과 포근함, 풍성함을 느낄 수 있는 실입니다.

— 6. 올풀림 방지액 —

매듭을 지은 실을 더 단단하게 보강하기 위해서 사용하거나 원단의 가장자리에 보풀이 생기는 것을 방지하기 위해 사용합니다. 이 책에서는 고양이 눈의 형태를 잡아주거나 리본 풀림 방지를 위해서도 사용하였습니다.

———— 7. 원단 ————

자수에서는 광목과 린넨을 많이 이용하지만 이 책에서는 대부분 100% 워싱면을 사용했습니다. 워싱면은 수축이 덜하고 면이 부드러운 장점이 있습니다. 자수에 이용하는 모든 원단은 수축 방지를 위해 선세탁을 하는 것이 좋습니다.

———— 8. 펠트지 ————

와펜을 만들거나 액자 뒤를 막는 용도로 사용합니다. 소프트 펠트지와 하드 펠트지, 접착용 펠트지, 가죽 펠트지 등 종류가 다양합니다.

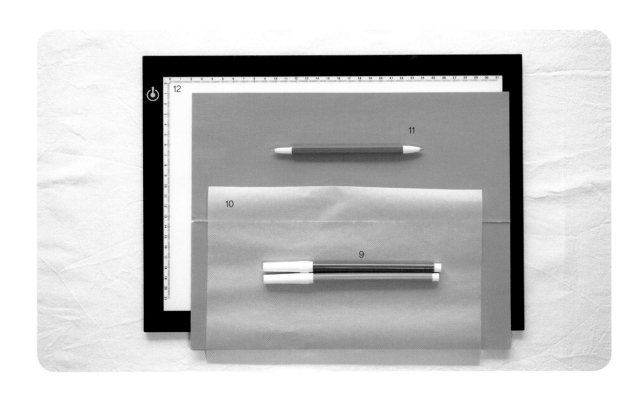

---

9. 수용성 펜

원단에 도안을 옮길 때에 사용하는 도구입니다. 다양한 색상과 기능이 있어 기호에 따라 사용합니다.

두 가지 색 이상의 수용성 펜을 준비해서 자수 도중 수정하고 싶을 때 2차 색상을 사용하면 편리합니다.

10. 트레이싱지

도안을 따라 그릴 때 사용하는 반투명한 종이입니다. 트레이싱지에 도안을 따라 그린 후 먹지나 라이트 박스를 이용해서 도안을 옮길 수 있습니다.

11. 철필과 원단용 먹지

원단에 도안을 옮길 때 사용합니다. 원단 위에 먹지를 대고 그 위에 옮길 도안을 대고 철필로 따라 그립니다.

12. 라이트 박스

빛이 나오는 판 형태의 기구입니다. 라이트 박스에 도안을 올리고 그 위에 원단을 올려 수용성 펜으로 따라 그리면 쉽게 도안을 옮겨 그릴 수 있습니다.

자수의 기초

Basic
02

원단 준비하기

사용할 원단은 가볍게 세탁한 후에 잘 다려 준비합니다.

수틀에 원단 끼우기

수틀의 내틀을 아래에 놓고 그 위에 원단을 올린 후 외틀로 감싸줍니다. 원단을 팽팽하게 유지할 수 있도록 수틀의 나사를 조여줍니다.

도안 옮겨 그리기

라이트 박스 사용하기

라이트박스→도안→원단 순으로 놓고 수용성 펜을 이용해서 그립니다. 도안은 트레이싱지에 옮겨 이용하면 더욱 잘 비쳐 보입니다.

먹지와 철필 사용하기

원단→먹지→도안 순으로 놓고 철필을 이용하여 따라 그립니다. 완벽하게 옮기는 것이 쉽지 않으므로 가볍게 옮긴 후에 빈 부분은 수용선 펜으로 덧그려줍니다.

바늘에 실 꿰기

실을 적당한 길이로 잘라 원하는 가닥 수 만큼 나누어줍니다. 한 가닥씩 나누어주면 꼬이지 않고 더 쉽게 나눌 수 있습니다.

실 끝을 바늘귀에 대고 반으로 접어줍니다.

접은 실을 바늘귀에 넣어줍니다.

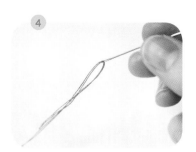

실을 통과시킵니다.

바늘에 통과시킨 실의 한쪽 끝을 바늘과
함께 잡아줍니다.

실을 바늘에 1~2바퀴 감아줍니다.

감은 실을 손으로 잡고 바늘을 빼냅니다.

끝까지 잡아 당겨 매듭을 완성합니다.

완성!

실로 둥근 원 모양을 만들어 가운데로 바늘을 빼냅니다.

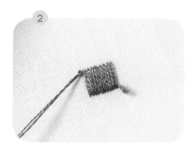

실을 천천히 당기면서 매듭이 원단에 딱 붙게끔 매듭지어줍니다.

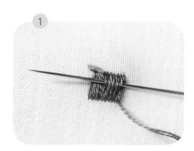

뒷면에 실이 모인 부분으로 여러 방향으로 통과시킵니다.

깔끔하게 잘라줍니다.

이 책에 사용한 스티치

BASIC
03

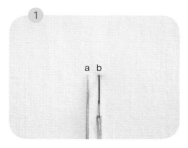

바느질에서의 홈질과 같이 바늘을 a에서 빼고 b로 넣습니다.

c에서 나와 d로 들어갑니다. 이 과정을 반복합니다.

— 레이지 데이지 스티치 —

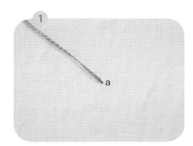

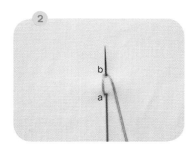

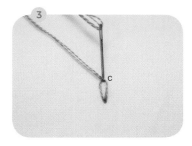

a에서 바늘을 빼냅니다.

바늘을 a로 다시 넣고 b로 뺀 후 바늘에 실을 걸칩니다.

바늘을 뺀 후 c로 넣습니다.

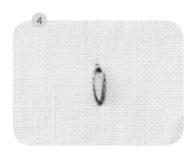

완성된 모습

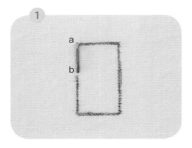

바늘을 a에서 빼서 b로 넣습니다(긴 땀).

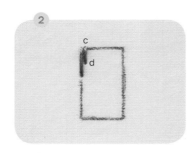

바늘을 c에서 빼서 d로 넣습니다(짧은 땀).

긴 땀과 짧은 땀을 반복해서 한 단을 완성
합니다.

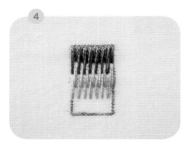

다음 단부터는 땀의 길이를 같게 하여 채
웁니다.

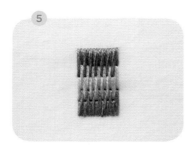

마무리할 때는 채울 면적에 맞추어 긴 땀
과 짧은 땀을 반복합니다.

백 스티치

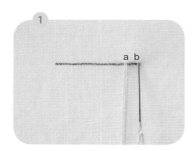

바늘을 a에서 빼서 b로 넣습니다.

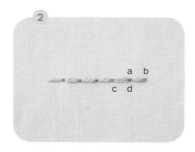

c로 나와 d로 들어갑니다. 이 과정을 반복
합니다.

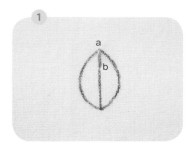

바늘을 a에서 빼서 b로 넣습니다.

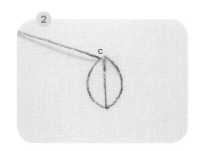

c로 바늘을 뺍니다.

바늘을 d로 넣어 e로 뺄 때 바늘에 실을
걸쳐 뺍니다.

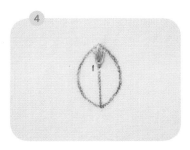

e의 바로 아래에 f로 바늘을 넣습니다.

2, 3, 4 과정을 반복합니다.

새틴 스티치

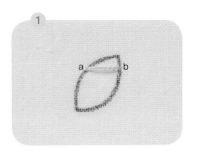

바늘을 a에서 빼서 b로 넣습니다.

1번을 반복해 나란히 땀을 채워갑니다.

스트레이트 스티치

한 땀을 놓습니다.

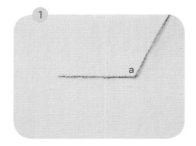

a로 바늘을 빼냅니다.

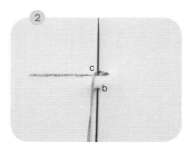

바늘을 b로 넣고 c로 뺀 후 바늘에 실을 걸칩니다.

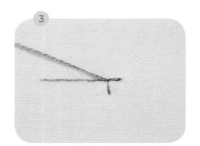

바늘을 뺍니다.

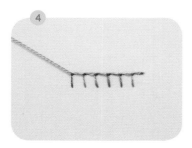

위 과정을 반복합니다.

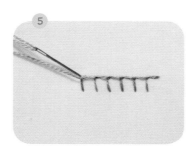

마무리는 실을 걸었던 땀 위치로 돌아갑니다.

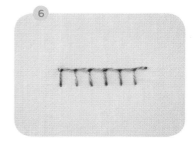

완성된 모습

스플릿 스티치

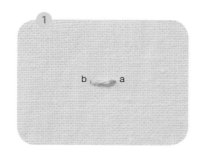

바늘을 a에서 빼서 b로 넣습니다.

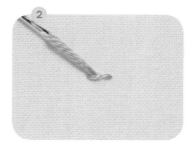

땀 사이로 바늘을 뺍니다.

1, 2를 반복합니다.

사진과 같이 기둥이 되는 땀을 놓습니다.
(땀의 개수는 반드시 홀수여야 합니다.)

중심점 가까이에서 바늘을 뺍니다.

시계 방향으로 기둥 위, 아래로 번갈아 통과시킵니다.

기둥이 보이지 않을 때까지 계속해서 반복합니다.

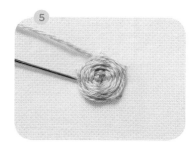

기둥 뒤쪽에 보이지 않는 곳에 바늘을 넣어 마무리합니다.

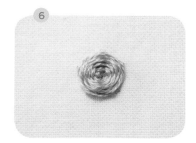

완성된 모습

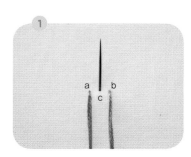

바늘을 a에서 빼서 b로 넣은 후 a와 b의 중간 위치인 c에서 바늘을 뺍니다.

같은 방향으로 반복합니다.

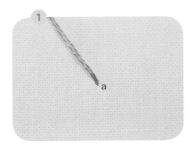

바늘을 a로 빼냅니다.

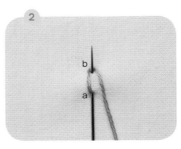

바늘을 a로 다시 넣고 b로 뺀 후 바늘에
실을 걸쳐 빼냅니다.

위 과정을 반복합니다.

마무리는 실을 걸었던 땀 위치로 돌아갑
니다.

완성된 모습

크로스 스티치

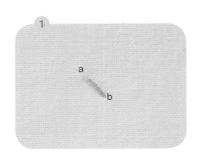

바늘을 a에서 빼서 b로 넣습니다.

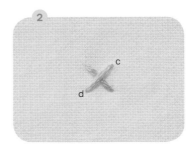

앞의 땀을 교차하여 c에서 d로 바늘을 넣
습니다.

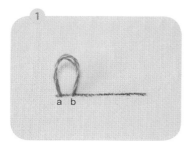

바늘을 a에서 빼서 b로 다시 넣는데, 실을 완전히 당기지 않고 고리 모양을 만듭니다.

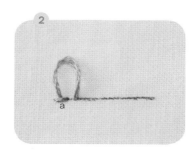

a를 덮듯이 스트레이트 스티치를 놓습니다.

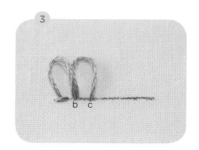

b로 바늘을 빼서 c로 넣습니다.

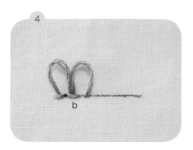

b를 덮듯이 스트레이트 스티치를 놓습니다.

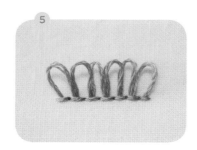

위 과정을 반복합니다.

가위로 고리를 자르고 길이를 다듬어줍니다.

완성된 모습

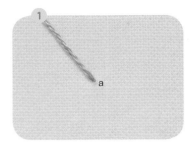

바늘을 a로 빼냅니다.

바늘에 실을 감고 다시 a에 바늘을 끼웁
니다(실을 감는 횟수로 크기 조절을 할 수 있
습니다).

매듭을 적당히 당겨 원단에 밀착시킵니다.

바늘을 통과시킵니다.

짧은 땀과 긴 땀을 자유롭게 사용하여 면을 채웁니다.

완성된 모습

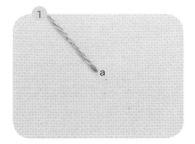

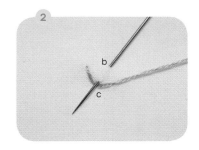

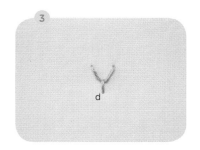

a로 바늘을 빼냅니다.

바늘을 b로 넣어 c로 뺄 때 바늘에 실을
걸쳐 뺍니다.

d로 바늘을 넣습니다.

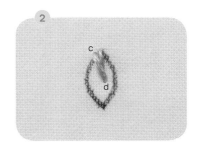

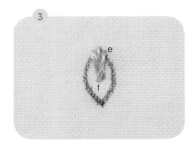

바늘을 a에서 빼서 b로 넣습니다.

c로 나와 b를 덮어 d로 들어갑니다.

e로 나와 d를 덮어 f로 들어갑니다.

앞의 땀을 덮는 형식으로 반복합니다.

자수 작업을 위한 팁

BASIC
04

원단에 도안을 그려줍니다.

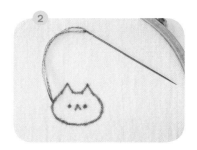

중심 원점(고양이의 코 부분)은 많은 땀이 오가야 하므로 얼굴의 바깥 라인에서 시작합니다.

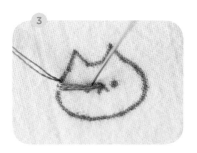

프리 스티치로 긴 땀 1번, 짧은 땀 3~4번을 1세트로 여기고 수놓습니다. 이전 땀보다 짧은 땀을 수놓을 때는 바로 전 땀의 아래로 숨겨준다고 생각하고, 이전 땀보다 긴 땀을 수놓을 때는 바로 전 땀을 덮어준다고 생각합니다.

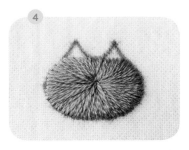

얼굴이 채워질 때까지 시계방향으로 세트를 반복합니다.
※중간에 실이 부족하거나 자수를 마치고 마무리를 할 때는 감추는 방법으로 실 마무리를 해줍니다(p.19 실 마무리하기 참고).

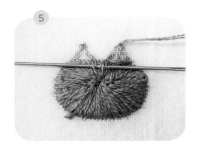

백 스티치로 왼쪽 귀를 수놓고 오른쪽 귀로 넘어가기 전에 수틀을 뒤집어서 얼굴 자수를 해 둔 부분에 실을 감춰 통과시켜 넘어갑니다(밝은 천에 작업할 때 앞면에서 실이 비쳐 보이지 않기 위함과 와펜 작업을 할 때 원단과 함께 실이 잘려나가는 것을 방지하기 위함입니다).

입→눈 순으로 수놓습니다. 입의 꼭짓점(코 부분)은 얼굴의 중심 원점으로 합니다. 눈은 얼굴의 크기에 따라 프렌치 노트에서 실 감는 횟수를 다르게 해 사이즈를 조절합니다. 눈을 예쁘게 수놓았다면 올풀림 방지액으로 모양을 고정시켜줍니다.

가볍게 세탁해서 도안 자국을 지워줍니다.

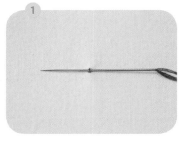

매듭을 짓지 않은 실을 1~2mm 간격으로 원단에 한 땀 통과시킵니다.

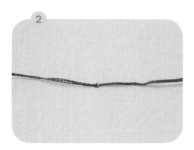

통과시킨 실에서 바늘을 빼냅니다.

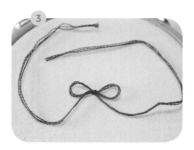

실의 양쪽 끝을 잡고 리본 모양으로 묶습니다. 리본 매듭의 가운데에 올풀림 방지액을 발라 고정시킵니다.

리본의 다리 부분을 바늘에 꿰어서 원단을 통과시킨 후 뒷면에 매듭을 짓습니다.

리본을 완성합니다.

아플리케 할 원단에 도안을 그리고 시접 2~3mm를 포함하여 잘라줍니다.

배경 원단에 시침질로 고정합니다.

블랭킷 스티치로 시접 부분을 덮어 수놓습니다.

시침질한 실을 제거합니다.

아플리케 하는 방법(새틴 스티치 이용)

아플리케 할 원단에 도안을 그리고 시접 2~3mm를 포함하여 잘라줍니다.

배경 원단에 시침질로 고정합니다.

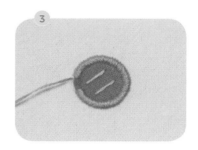

새틴 스티치로 시접 부분을 덮어 수놓습니다.

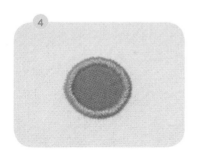

시침질한 실을 제거합니다.

자수를 마친 원단과 펠트지를 준비합니다.

원단 뒤에 펠트지를 대고 시침질을 합니다. 자수를 마친 부분과 비슷한 색의 실로 시침질을 해야 색이 묻어나지 않습니다.

원단과 펠트지를 함께 시접 약 2mm를 남기고 자릅니다.

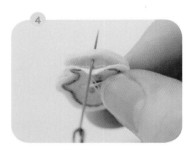

첫 땀은 원단과 펠트지 사이에서 시작합니다.

옆면을 블랭킷 스티치로 둘러 줍니다.

한 바퀴를 끝냈다면 이전에 놓았던 블랭킷 스티치 사이로 바늘을 통과시켜 빼냅니다. 이전 스티치로 2~3번 더 반복하여 통과시킵니다. 남은 실은 깔끔하게 잘라내고 올풀림 방지액을 발라줍니다.

시침질한 실을 제거합니다.

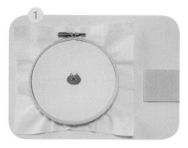

자수를 마친 원단과 펠트지를 준비합니다.

원단 뒤에 펠트지를 대고 시침질을 합니다. 자수를 마친 부분과 비슷한 색의 실로 시침질을 해야 색이 묻어나지 않습니다.

원단과 펠트지를 함께 시접 약 2mm를 남기고 자릅니다.

첫 땀은 원단과 펠트지 사이에서 시작합니다.

옆면에 새틴 스티치를 한다는 생각으로 한 땀 한 땀 둘러줍니다.

한 바퀴를 끝냈다면 이전에 둔 새틴 스티치 사이로 바늘을 통과시켜 빼냅니다. 남은 실은 깔끔하게 잘라내고 올풀림 방지액을 발라줍니다.

시침질한 실을 제거합니다.

만들고 싶은 수술 길이보다 1~2mm 안쪽에 백 스티치를 합니다.

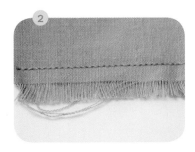

원단의 가로 방향의 실을 바늘로 한 올씩 제거합니다.

실을 모두 제거하였으면 남은 날실들의 길이를 가위로 다듬어줍니다.

원단에 원하는 크기로 재단한 목재 패널을 두고 원단을 여유 있게 잘라줍니다.

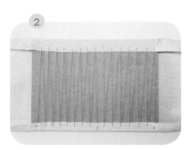

목재 패널의 긴 면을 원단으로 감싸주고 지그재그로 바느질합니다.

목재 패널의 짧은 면을 원단으로 덮고, 모서리 부분을 꼼꼼하게 당깁니다.

2번과 같이 지그재그로 바느질합니다.

목재 패널과 같은 크기로 접착 펠트지를 재단해서 뒷면에 붙입니다.

세탁을 완료한 자수 원단, 수틀, 수틀 사이즈에 맞게 재단한 접착 펠트지를 준비합니다.

자수를 마친 원단을 원하는 크기의 수틀로 고정시키고 시접을 넉넉하게 재단합니다.

수틀의 모양을 따라 원단에 러닝 스티치를 수놓습니다.

실을 당겨 원단을 조인 후 실을 매듭짓습니다.

수틀과 같은 크기로 재단한 접착 펠트지를 뒷면에 붙입니다.

PART
01

일상 속 냥이

냥이 얼굴 와펜

사용된 실

DMC 25번사 : 25, 310, 353, 435, 437, 523, 606, 646, 739, 742, 938,
959, 3072, 3846, 3863, ecru, B5200

그 외 재료

2mm 두께의 하드 펠트지

사용된 스티치

백 스티치, 새틴 스티치, 스트레이트 스티치, 프렌치 노트 스티치,
프리 스티치, 플라이 스티치

p.35 와펜 만드는 방법(새틴 스티치 이용)을 참고합니다.

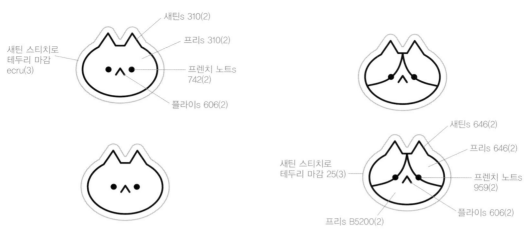

새틴s 310(2)

프리s 310(2)

새틴 스티치로
테두리 마감
ecru(3)

프렌치 노트s
742(2)

플라이s 606(2)

새틴s 646(2)

프리s 646(2)

새틴 스티치로
테두리 마감 25(3)

프렌치 노트s
959(2)

프리s B5200(2)

플라이s 606(2)

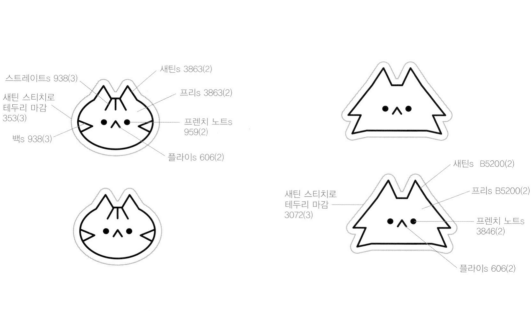

스트레이트s 938(3)

새틴s 3863(2)

프리s 3863(2)

새틴 스티치로
테두리 마감
353(3)

프렌치 노트s
959(2)

백s 938(3)

플라이s 606(2)

새틴s B5200(2)

프리s B5200(2)

새틴 스티치로
테두리 마감
3072(3)

프렌치 노트s
3846(2)

플라이s 606(2)

스트레이트s 437(3)

플라이s 435(2)

새틴 스티치로
테두리 마감
523(3)

프렌치 노트s
959(2)

백s 437(3)

프리s 739(2)

플라이s 606(2)

도안 설명은 스티치→실 번호→(실의 가닥 수)로 표기했습니다.
예) 프리s 310(2) : 310번 실 2가닥으로 프리 스티치를 합니다.

냥이 미니 액자

사용된 실

DMC 25번사 : 06, 07, 300, 310, 318, 606, 648, 742, 743, 782, 844, 959,
3846, 3826, 3863, ecru, B5200

그 외 재료

3.5×3.5cm로 재단된 접착 코르크판, 스테이플러, 뒷막음용 하드 펠트지

사용된 스티치

롱 앤드 쇼트 스티치, 백 스티치, 새틴 스티치, 스트레이트 스티치, 스플릿 스티치,
프렌치 노트 스티치, 프리 스티치, 플라이 스티치

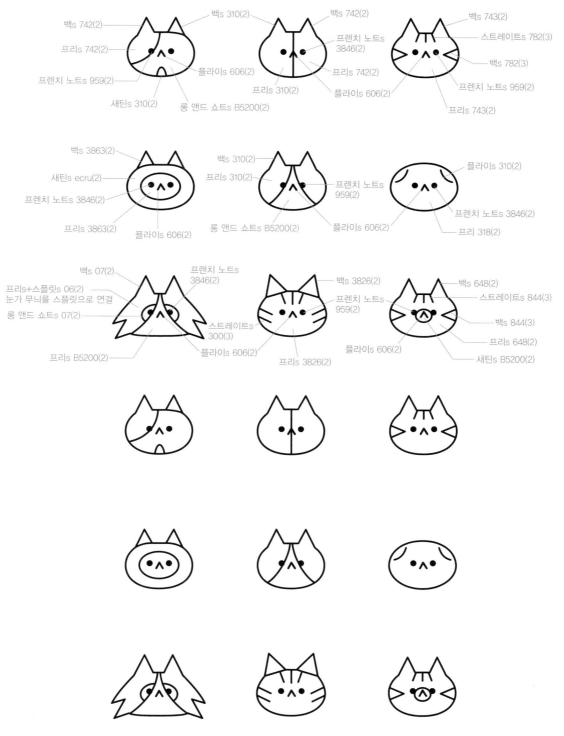

백s 742(2)
프리s 742(2)
프렌치 노트s 959(2)
새틴s 310(2)
롱 앤드 쇼트s B5200(2)
백s 310(2)
플라이s 606(2)

백s 742(2)
프렌치 노트s 3846(2)
프리s 742(2)
플라이s 606(2)
프리s 310(2)

백s 743(2)
스트레이트s 782(3)
백s 782(3)
프렌치 노트s 959(2)
프리s 743(2)

백s 3863(2)
새틴s ecru(2)
프렌치 노트s 3846(2)
프리s 3863(2)
플라이s 606(2)

백s 310(2)
프리s 310(2)
프렌치 노트s 959(2)
롱 앤드 쇼트s B5200(2)
플라이s 606(2)

플라이s 310(2)
프렌치 노트s 3846(2)
프리 318(2)

백s 07(2)
프리s+스플릿s 06(2)
눈가 무늬를 스플릿으로 연결
롱 앤드 쇼트s 07(2)
프리s B5200(2)
프렌치 노트s 3846(2)
스트레이트s 300(3)
플라이s 606(2)

백s 3826(2)
프렌치 노트s 959(2)
플라이s 606(2)
프리s 3826(2)

백s 648(2)
스트레이트s 844(3)
백s 844(3)
프리s 648(2)
새틴s B5200(2)

도안 설명은 스티치→실 번호→(실의 가닥 수)로 표기했습니다.
예) 프리s 310(2) : 310번 실 2가닥으로 프리 스티치를 합니다.

049

코르크판을 이용하여 미니 액자 만드는 방법

자수 원단을 9×9cm 크기로 재단하고, 두께 1cm의 접착 코르크판을 3.5×3.5cm로 재단하여 준비합니다.

접착면이 완성될 액자의 뒷면으로 오게 둔 다음 스티커를 제거합니다.

스티커를 제거한 접착면에 자수 원단의 좌우 방향을 감싸듯 붙입니다.

남은 위아래의 원단을 정면에서 봤을 때 타원형 모양(티셔츠의 목 부분 같은 모양)이 되도록 잘라줍니다.

남은 상하 두 면의 모서리를 꼼꼼하게 당겨 스테이플러로 고정시킵니다.

미니 액자의 뒷면에 같은 크기의 접착 펠트지를 재단해 붙입니다.

사용된 실

DMC 25번사 : 318, 435, 606, 648, 844, 959, 3771, 3846, 3855, B5200

그 외 재료

15×8cm로 재단된 목재 패널, 뒷막음용 하드 펠트지

사용된 스티치

백 스티치, 새틴 스티치, 스트레이트 스티치, 스플릿 스티치,
프렌치 노트 스티치, 프리 스티치, 플라이 스티치

p.36 액자 만드는 방법(목재 패널)을 참고합니다.

스플릿s
310(2)

새틴s 310(2)

프렌치 노트s 972(2)

플라이s 947(2)

프리s 310(2)

스트레이트s
844(2)

새틴s 648(2)

프렌치 노트s
3848(2)

플라이s 947(2)

프리s 648(2)

스플릿s
648(2)

스플릿s
742(2)

프리s
310(2)

새틴s
310(2)

새틴s
742(2)

프렌치 노트s
959(2)

플라이s 947(2)

프리s B5200(2)

백s
310(2)

스플릿s
310(2)

스플릿s
B5200(2)

프리s
414(2)

새틴s 414(2)

프렌치 노트s
3846(2)

플라이s
947(2)

백s
310(2)

스플릿s
414(2)

스트레이트s
3826(2)

새틴s
728(2)

프렌치 노트s
959(2)

프리s 728(2)

플라이s
947(2)

스플릿s
728(2)

백s 310(2)

도안 설명은 스티치→실 번호→(실의 가닥 수)로 표기했습니다.
예) 프리s 310(2) : 310번 실 2가닥으로 프리 스티치를 합니다.

유리병 속 냥이

사용된 실

DMC 25번사 : 318, 435, 606, 648, 844, 959, 3771, 3846, 3855, B5200

그 외 재료

15×8cm로 재단된 목재 패널, 뒷막음용 하드 펠트지

사용된 스티치

롱 앤드 쇼트 스티치, 백 스티치, 새틴 스티치, 스트레이트 스티치, 스플릿 스티치,
프렌치 노트 스티치, 프리 스티치, 플라이 스티치

p.36 액자 만드는 방법(목재 패널)을 참고합니다.

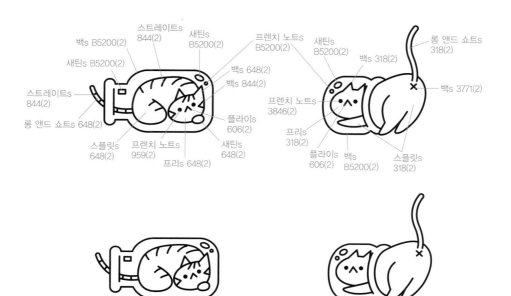

스트레이트s 844(2)
백s B5200(2)
새틴s B5200(2)
스트레이트s 844(2)
롱 앤드 쇼트s 648(2)
스플릿s 648(2)
프렌치 노트s 959(2)
프리s 648(2)
새틴s B5200(2)
프렌치 노트s B5200(2)
백s 648(2)
백s 844(2)
플라이s 606(2)
새틴s 648(2)

새틴s B5200(2)
백s 318(2)
롱 앤드 쇼트s 318(2)
백s 3771(2)
프렌치 노트s 3846(2)
프리s 318(2)
플라이s 606(2)
백s B5200(2)
스플릿s 318(2)

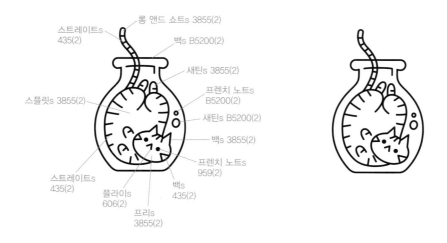

롱 앤드 쇼트s 3855(2)
스트레이트s 435(2)
백s B5200(2)
새틴s 3855(2)
스플릿s 3855(2)
프렌치 노트s B5200(2)
새틴s B5200(2)
백s 3855(2)
프렌치 노트s 959(2)
스트레이트s 435(2)
플라이s 606(2)
백s 435(2)
프리s 3855(2)

도안 설명은 스티치→실 번호→(실의 가닥 수)로 표기했습니다.
예) 프리s 310(2) : 310번 실 2가닥으로 프리 스티치를 합니다.

숨은 냥이 찾기

사용된 실

DMC 25번사 : 300, 310, 318, 436, 437, 471, 598, 608, 741, 742,
976, 3031, 3824, 3846, 3863, B5200

그 외 재료

16×20cm로 재단된 목재 패널, 뒷막음용 하드 펠트지

사용된 스티치

레이지 데이지 스티치, 롱 앤드 쇼트 스티치, 백 스티치, 새틴 스티치, 스트레이트 스티치,
스플릿 스티치, 프렌치 노트 스티치, 프리 스티치, 플라이 스티치

p.36 액자 만드는 방법(목재 패널)을 참고합니다.

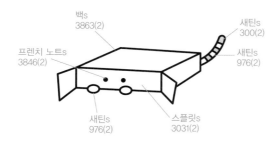

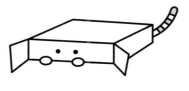

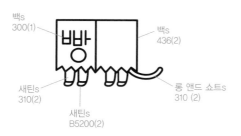

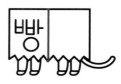

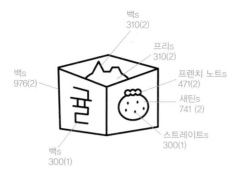

백s
310(2)

프리s
310(2)

프렌치 노트s
471(2)

백s
976(2)

새틴s
741 (2)

스트레이트s
300(1)

백s
300(1)

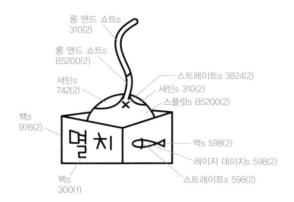

롱 앤드 쇼트s
310(2)

롱 앤드 쇼트s
B5200(2)

새틴s
742(2)

스트레이트s 3824(2)

새틴 310(2)

스플릿s B5200(2)

백s
976(2)

백s 598(2)

레이지 데이지s 598(2)

스트레이트s 598(2)

백s
300(1)

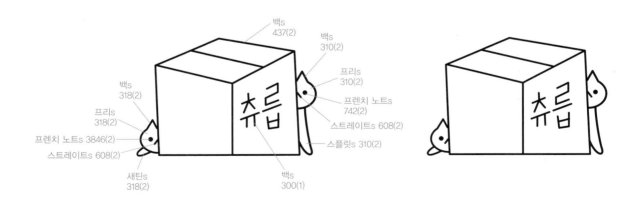

백s
437(2)

백s
310(2)

프리s
310(2)

백s
318(2)

프렌치 노트s
742(2)

프리s
318(2)

스트레이트s 608(2)

프렌치 노트s 3846(2)

스플릿s 310(2)

스트레이트s 608(2)

새틴s
318(2)

백s
300(1)

도안 설명은 스티치→실 번호→(실의 가닥 수)로 표기했습니다.
예) 프리s 310(2) : 310번 실 2가닥으로 프리 스티치를 합니다.

아주 작은 냥이

사용된 실

DMC 25번사 : 300, 349, 437, 543, 606, 648, 844, 959, 976, 3846, 3859

그 외 재료

내경 10cm 수틀, 살구색 아플리케용 원단, 수틀 뒷막음용 하드 펠트지

사용된 스티치

백 스티치, 새틴 스티치, 스트레이트 스티치, 스플릿 스티치, 아우트라인 스티치,
프렌치 노트 스티치, 프리 스티치, 플라이 스티치

p.37 액자 만드는 방법(수틀)을 참고합니다.
p.33 아플리케 하는 방법(새틴 스티치 이용)을 참고합니다.

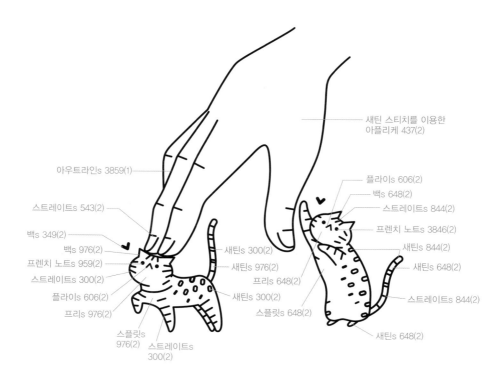

새틴 스티치를 이용한
아플리케 437(2)

아웃라인s 3859(1)

플라이s 606(2)
백s 648(2)
스트레이트s 844(2)
프렌치 노트s 3846(2)

스트레이트s 543(2)

백s 349(2)
백s 976(2)
프렌치 노트s 959(2)
스트레이트s 300(2)
플라이s 606(2)
프리s 976(2)
스플릿s
976(2)
스트레이트s
300(2)

새틴s 300(2)
새틴s 976(2)
프리s 648(2)
새틴s 300(2)
스플릿s 648(2)

새틴s 844(2)
새틴s 648(2)
스트레이트s 844(2)
새틴s 648(2)

➤〜╫╫▶
도안 설명은 스티치→실 번호→(실의 가닥 수)로 표기했습니다.
예) 프리s 310(2) : 310번 실 2가닥으로 프리 스티치를 합니다.

사용된 실

DMC 25번사 : 33, 310, 437, 606, 648, 728, 742, 801, 833, 844, 900, 959,
972, 3721, 3846, 3863, ecru, B5200

그 외 재료

1.2mm 두께의 하드 펠트지

사용된 스티치

롱 앤드 쇼트 스티치, 백 스티치, 새틴 스티치, 스트레이트 스티치, 스플릿 스티치,
프렌치 노트 스티치, 프리 스티치, 플라이 스티치

p.35 와펜 만드는 방법(새틴 스티치 이용)을 참고합니다.

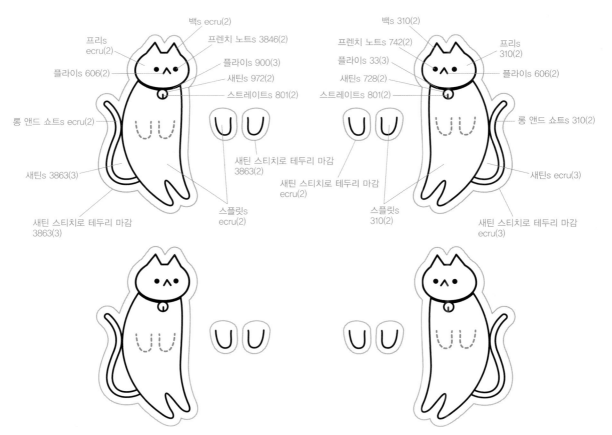

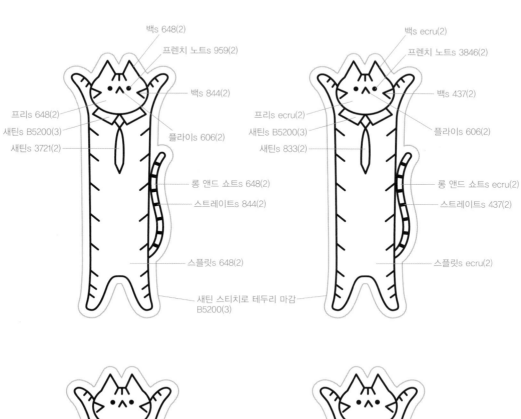

백s 648(2)
프렌치 노트s 959(2)
백s 844(2)
프리s 648(2)
새틴s B5200(3)
새틴s 3721(2)
플라이s 606(2)
롱 앤드 쇼트s 648(2)
스트레이트s 844(2)
스플릿s 648(2)

백s ecru(2)
프렌치 노트s 3846(2)
백s 437(2)
프리s ecru(2)
새틴s B5200(3)
새틴s 833(2)
플라이s 606(2)
롱 앤드 쇼트s ecru(2)
스트레이트s 437(2)
스플릿s ecru(2)

새틴 스티치로 테두리 마감
B5200(3)

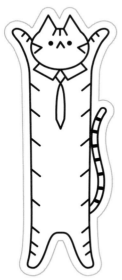

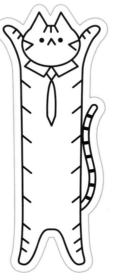

도안 설명은 스티치→실 번호→(실의 가닥 수)로 표기했습니다.
예) 프리s 310(2) : 310번 실 2가닥으로 프리 스티치를 합니다.

책갈피 만드는 과정

수틀에 원단을 끼워 팔을 제외한 자수를 마치고, 펠트지에 팔을 자수해 준비합니다.

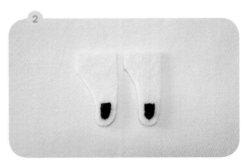

팔의 윗부분을 뺀 3면을 2~3mm 여분을 두고 자릅니다.

팔의 3면을 p35 와펜 만드는 방법(새틴 스티치 이용)의 ❺번을 참고하여 테두리 마감을 합니다.

윗부분을 동그랗게 잘라내고 몸통에 올려 위치를 잡습니다.

몸통 자수에 스플릿 스티치로 연결합니다.

몸통 부분을 2~3mm정도 여분을 두고 잘라 p.35 와펜 만드는 방법(새틴 스티치 이용)을 참고하여 마무리합니다.

PART
02

꽃과 냥이는 진리

꽃냥 거울

사용된 실

DMC 25번사 : 03, 24, 26, 153, 420, 553, 554, 606, 680,
725, 801, 959, 3821, 3823, 3846, 3863, B5200

그 외 재료

6cm 거울 부자재

사용된 스티치

레이지 데이지 스티치, 롱 앤드 쇼트 스티치, 백 스티치, 블랭킷 스티치, 새틴 스티치, 스트레이트 스티치,
스플릿 스티치, 아웃트라인 스티치, 프렌치 노트 스티치, 프리 스티치, 플라이 스티치

거울 만드는 방법

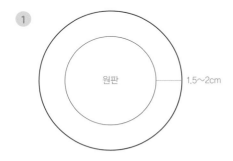

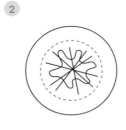

① 원단을 부자재 원판의 크기보다 1.5~2cm 정도 크게 재단합니다.

② 지그재그로 바느질해 더 꼼꼼하게 조여줍니다.

③ 거울 부자재 위에 글루건이나 본드를 이용하여 붙여줍니다.

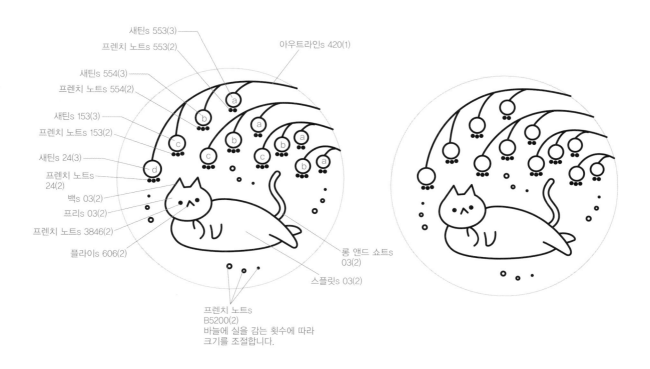

새틴s 553(3)

프렌치 노트s 553(2)

새틴s 554(3)

프렌치 노트s 554(2)

새틴s 153(3)

프렌치 노트s 153(2)

새틴s 24(3)

프렌치 노트s 24(2)

백s 03(2)

프리s 03(2)

프렌치 노트s 3846(2)

플라이s 606(2)

아우트라인s 420(1)

롱 앤드 쇼트s 03(2)

스플릿s 03(2)

프렌치 노트s B5200(2)
바늘에 실을 감는 횟수에 따라 크기를 조절합니다.

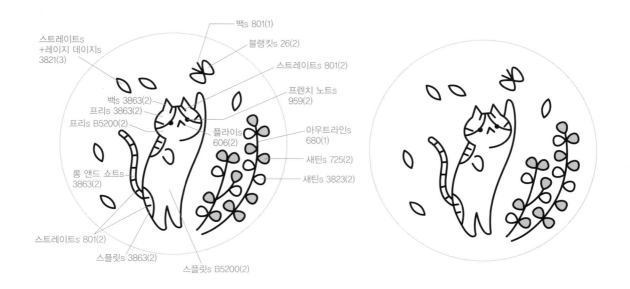

스트레이트s +레이지 데이지s 3821(3)

백s 3863(2)

프리s 3863(2)

프리s B5200(2)

롱 앤드 쇼트s 3863(2)

스트레이트s 801(2)

스플릿s 3863(2)

백s 801(1)

블랭킷s 26(2)

스트레이트s 801(2)

프렌치 노트s 959(2)

플라이s 606(2)

아우트라인s 680(1)

새틴s 725(2)

새틴s 3823(2)

스플릿s B5200(2)

도안 설명은 스티치→실 번호→(실의 가닥 수)로 표기했습니다.
예) 프리s 310(2) : 310번 실 2가닥으로 프리 스티치를 합니다.

꽃과 냥이 ✦
미니 가랜드

사용된 실

DMC 25번사 : 18, 225, 310, 606, 742, 959, 3733, 3777, ecru, B5200

그 외 재료

2mm 두께의 하드 펠트지, 레이스 실

사용된 스티치

롱 앤드 쇼트 스티치, 백 스티치, 새틴 스티치, 스트레이트 스티치, 스플릿 스티치,
프렌치 노트 스티치, 프리 스티치, 플라이 스티치, 피시본 스티치

p.35 와펜 만드는 방법(새틴 스티치 이용)을 참고합니다.

미니 가랜드 만드는 방법

완성한 와펜 테두리의 새틴 스티치 사이로
실을 꿴 바늘을 통과해 나란히 꿰어줍니다.

도안 설명은 스티치→실 번호→(실의 가닥 수)로 표기했습니다.
예) 프리s 310(2) : 310번 실 2가닥으로 프리 스티치를 합니다.

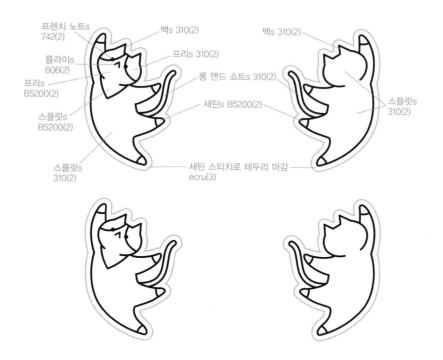

프렌치 노트s
742(2)

플라이s
606(2)

프리s
B5200(2)

스플릿s
B5200(2)

스플릿s
310(2)

백s 310(2)

프리 310(2)

롱 앤드 쇼트s 310(2)

새틴s B5200(2)

백s 310(2)

스플릿s
310(2)

새틴 스티치로 테두리 마감
ecru(3)

프렌치 노트s
3777(2)

스트레이트s
3777(2)

새틴 스티치로
테두리 마감 ecru(3)

새틴s
225(3)

새틴s
3777(2)

피시본s
18(2)

새틴 스티치로
테두리 마감 ecru(3)

피시본s
18(2)

프렌치 노트
B5200(2)

새틴s
3733(2)

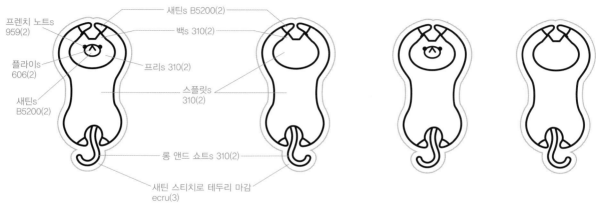

프렌치 노트s
959(2)

플라이s
606(2)

새틴s
B5200(2)

새틴s B5200(2)

백s 310(2)

프리s 310(2)

스플릿s
310(2)

롱 앤드 쇼트s 310(2)

새틴 스티치로 테두리 마감
ecru(3)

꽃의 춤

사용된 실

DMC 25번사 : 223, 224, 225, 310, 453, 606, 742, 744, B5200

그 외 재료

23.5×8cm 목재 패널, 뒷막음용 하드 펠트지

사용된 스티치

레이지 데이지 스티치, 롱 앤드 쇼트 스티치, 백 스티치, 스트레이트 스티치,
스플릿 스티치, 아웃트라인 스티치, 프렌치 노트 스티치, 프리 스티치, 플라이 스티치

p.36 가장자리 수술 만드는 방법을 참고합니다.
p.36 액자 만드는 방법(목재 패널)을 참고합니다.

수평 방향으로 반복해서 연결할 수 있는 도안입니다.

스트레이트s 225(3)

레이지 데이지s 224(2)

프렌치 노트s B5200(2)

백s 310(2)

아웃라인s 453(1)

레이지 데이지s+스트레이트s 223(3)

프렌치 노트s 744(4)

백s 310(2)

프리s 310(2)

프렌치 노트s 742(2)

블리이s 606(2)

스플릿s 310(2)

▶┄╫╫╫┄▶
도안 설명은 스티치→실 번호→(실의 가닥 수)로 표기했습니다.
예) 프리s 310(2) : 310번 실 2가닥으로 프리 스티치를 합니다.

095

꽃냥이파우치

사용된 실

DMC 25번사 : 310, 334, 353, 523, 606, 712, 742, 959, 3341, 3811, 3824, B5200

그 외 재료

가로 12×7.5cm무공 프레임, 종이끈, 안감용 원단, 목공 본드

사용된 스티치

러닝 스티치, 롱 앤드 쇼트 스티치, 백 스티치, 아우트라인 스티치, 새틴 스티치, 스트레이트 스티치,
스플릿 스티치, 프렌치 노트 스티치, 프리 스티치, 플라이 스티치, 피시본 스티치

새틴s 310(2)

롱 앤드 쇼트s B5200(2)

백s 310(2)

프리s 310(2)

새틴s 742(2)

새틴s 353(2)

프렌치 노트s 959(2)

프리s 742(2)

플라이s 606(2)

새틴s 712(2)

롱 앤드 쇼트s B5200(2)

백s 523(2)

백s 3824(2)

스플릿s B5200(2)

새틴s 3341(2)

프리s 353(2)

프렌치 노트s 606(2)

프리s 3341(2)

피시본s 523(2)

스트레이트s B5200(2)

아웃라인s 523(2)

프렌치 노트s 310(2)

스트레이트s 3811(4)

스트레이트s 742(3), 310(3)

러닝s 712(2)

도안 설명은 스티치→실 번호→(실의 가닥 수)로 표기했습니다.
예) 프리s 310(2) : 310번 실 2가닥으로 프리 스티치를 합니다.

프레임 파우치 만드는 방법

가로×세로 : 11.5×22cm (겉감 1장, 안감 1장)

겉감과 안감을 시접 약 1cm를 두고 재단합니다
(도면의 양끝은 프레임을 대고 프레임 모양대로 그
립니다).

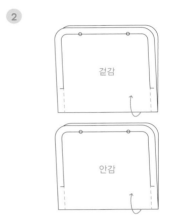

겉감의 겉면을 마주보게 반으로 접어 프레임 연결부
아래쪽까지 박음질합니다. 안감도 같은 방법으로 바
느질합니다.

바느질을 끝낸 후 시접 부분을 0.5cm 정도로
짧게 잘라주고, 모서리에 가위집을 냅니다.

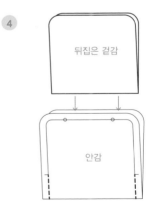

겉감을 뒤집어주고, 뒤집지 않은 안감 안에
겉감을 넣어줍니다.

⑤

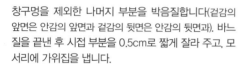

창구멍을 제외한 나머지 부분을 박음질합니다(겉감의
앞면은 안감의 앞면과 겉감의 뒷면은 안감의 뒷면과). 바느
질을 끝낸 후 시접 부분을 0.5cm로 짧게 잘라 주고, 모
서리에 가위집을 냅니다.

⑥

창구멍을 통해 뒤집어준 뒤, 창구멍을
공그르기로 바느질합니다.

⑦

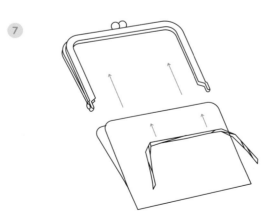

프레임 안쪽에 본드를 적당히 바른 후 파우치 윗면을
프레임에 맞게 끼워 넣고, 추가로 종이끈을 송곳이나
도구를 이용해 끼워 넣습니다.

요정 리스

사용된 실

DMC 25번사 : 153, 310, 351, 356, 606, 608, 677, 740, 742, 754, 762, 797, 816, 829,
833, 924, 3823, 3834, 3846, 3847, 3866, ecru, B5200

그 외 재료

7.5cm 수틀, 수틀 뒷막음용 하드 펠트지

사용된 스티치

레이지 데이지 스티치, 롱 앤드 쇼트 스티치, 리프 스티치, 백 스티치, 새틴 스티치,
스트레이트 스티치, 아웃라인 스티치, 프렌치 노트 스티치, 프리 스티치, 플라이 스티치

p.37 액자 만드는 방법(수틀)을 참고합니다.

새틴s 310(2)
프리s 351(2)
스트레이트s 310(2)
프렌치 노트s 3866(2)
스트레이트s+플라이s 3834(2)

스트레이트s+
레이지 데이지s 924(3)

백s 924(3)

프렌치 노트s 742(2)
프리s 816(2)
백s ecru(2)
레이지 데이지s ecru(2)
플라이s+프렌치 노트s 762(2)

새틴s 677(2)
새틴s 833(2)
아우트라인s 829(2)
프렌치 노트s 3846(2)

스트레이트s+레이지 데이지s 356(2)

프렌치 노트s B5200(2)
아우트라인s 829(2)
새틴s 833(2)
프렌치 노트s B5200(2)

플라이s 816(2)
프렌치 노트s ecru(2)

프렌치 노트s 608(2)
플라이s 797(2)
프렌치 노트s 608(2)
새틴s 754(2)
플라이s B5200(1)
프렌치 노트s 153(2)

백s 762(2)

프렌치 노트s 816(2)
플라이s 3847(2)

롱 앤드 쇼트s 740(2)
롱 앤드 쇼트s 742(2)

리프s 3866(2)

프렌치 노트s 608(2)
백s 3823(2)
플라이s 3834(2)

프렌치 노트s 608(2)
플라이s B5200(1)

백s 310(2)
프렌치 노트s 3846(2)
스트레이트s B5200(1)

프렌치 노트s 742(2)

프리s 310(2)

플라이s 606(2)

리본 608(2)
p.32 리본 묶는 방법을
참고합니다.

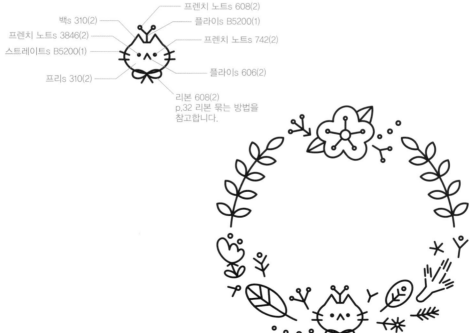

도안 설명은 스티치→실 번호→(실의 가닥 수)로 표기했습니다.
예) 프리s 310(2) : 310번 실 2가닥으로 프리 스티치를 합니다.

요정리스, 두 번째

사용된 실

DMC 25번사 : 310, 351, 742, 819, 833, 947, 3777, 3824, 3845, ecru

마데이라 메탈릭사 : 24

그 외 재료

내경 12cm 수틀, 수틀 뒷막음용 하드 펠트지

사용된 스티치

러닝 스티치, 새틴 스티치, 스트레이트 스티치, 스플릿 스티치, 아웃라인 스티치,
프렌치 노트 스티치, 프리 스티치, 플라이 스티치

p.37 액자 만드는 방법(수틀)을 참고합니다.

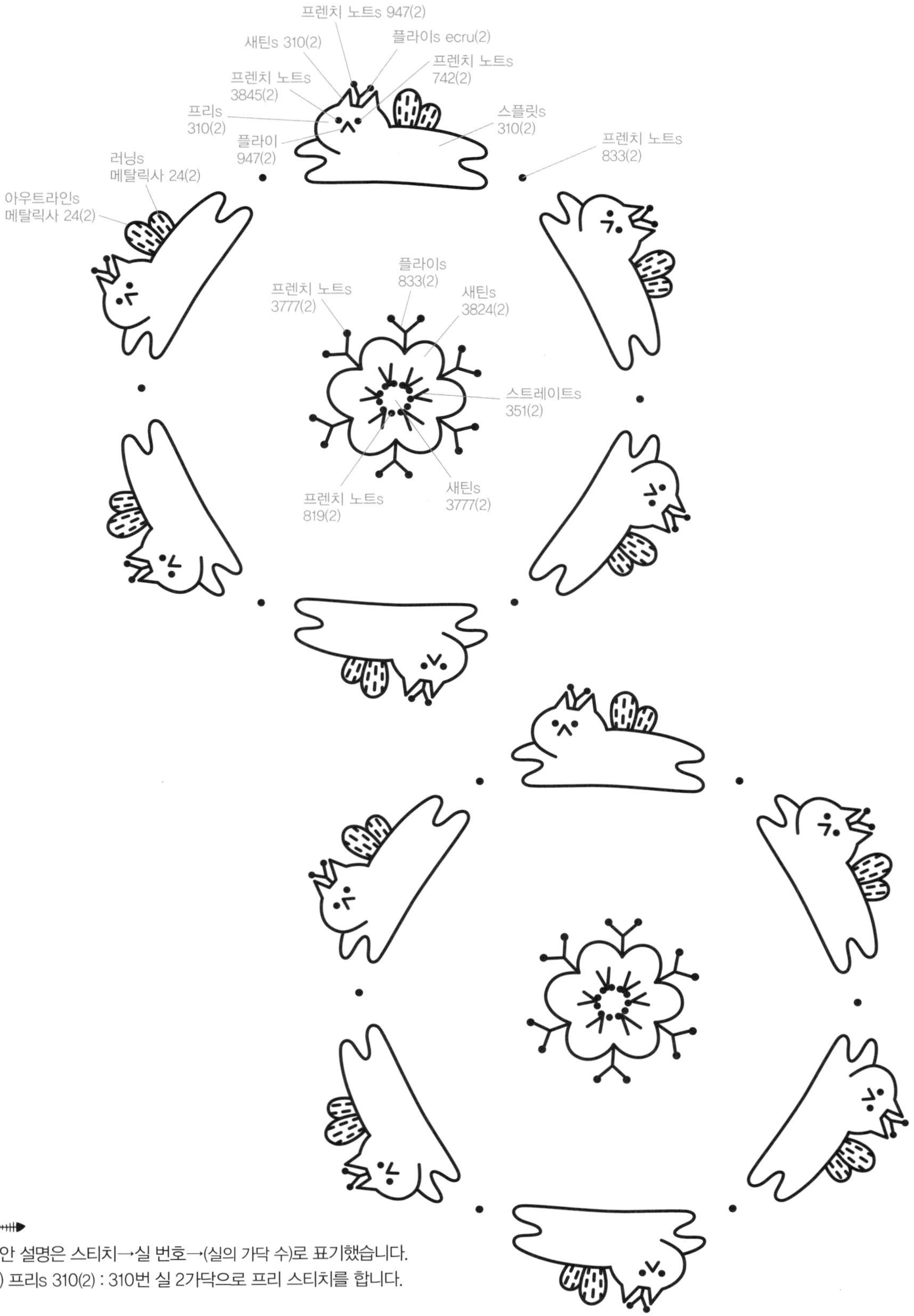

프렌치 노트s 947(2)

새틴s 310(2)

플라이s ecru(2)

프렌치 노트s 3845(2)

프렌치 노트s 742(2)

프리s 310(2)

플라이 947(2)

스플릿s 310(2)

프렌치 노트s 833(2)

러닝s 메탈릭사 24(2)

아웃라인s 메탈릭사 24(2)

프렌치 노트s 3777(2)

플라이s 833(2)

새틴s 3824(2)

스트레이트s 351(2)

프렌치 노트s 819(2)

새틴s 3777(2)

>++||▶
도안 설명은 스티치→실 번호→(실의 가닥 수)로 표기했습니다.
예) 프리s 310(2) : 310번 실 2가닥으로 프리 스티치를 합니다.

PART
03

오 후 의 냥 이

요조숙냥

사용된 실

DMC 25번사 : 07, 310, 352, 369, 606, 742, 745, 3051, 3053, 3846, 3886, B5200

그 외 재료

2mm비즈(골드), 아플리케용 망사 원단, 내경 6.5×8.5cm 수틀, 수틀 뒷막음용 하드 펠트지

사용된 스티치

러닝 스티치, 롱 앤드 쇼트 스티치, 백 스티치, 블랭킷 스티치, 새틴 스티치,
스트레이트 스티치, 스플릿 스티치, 프렌치 노트 스티치, 프리 스티치, 플라이 스티치

p.32 아플리케 하는 방법(블랭킷 스티치 이용)을 참고합니다.
p.37 액자 만드는 방법(수틀)을 참고합니다.

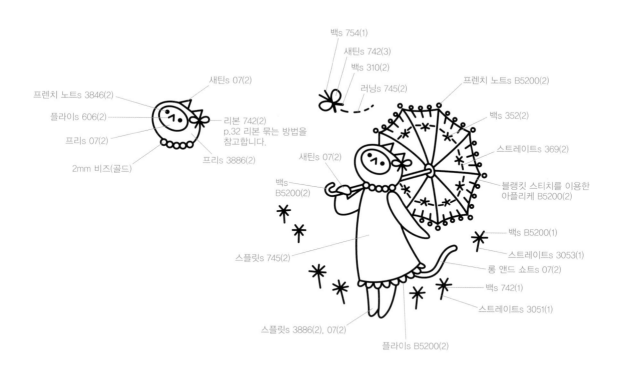

프렌치 노트s 3846(2)

새틴s 07(2)

플라이s 606(2)

프리s 07(2)

2mm 비즈(골드)

리본 742(2)
p.32 리본 묶는 방법을
참고합니다.

프리s 3886(2)

백s 754(1)

새틴s 742(3)

백s 310(2)

러닝s 745(2)

프렌치 노트s B5200(2)

백s 352(2)

스트레이트s 369(2)

블랭킷 스티치를 이용한
아플리케 B5200(2)

백s B5200(1)

스트레이트s 3053(1)

롱 앤드 쇼트s 07(2)

백s 742(1)

스트레이트s 3051(1)

새틴s 07(2)

백s
B5200(2)

스플릿s 745(2)

스플릿s 3886(2), 07(2)

플라이s B5200(2)

도안 설명은 스티치→실 번호→(실의 가닥 수)로 표기했습니다.
예) 프리s 310(2) : 310번 실 2가닥으로 프리 스티치를 합니다.

양산 아플리케 하는 과정

반으로 접은 망사 원단을 시침질합니다.

양산 살 부분을 아웃트라인 스티치로 수 놓습니다.

고양이의 몸에 가려지는 양산 부분을 시 접 1~2mm 여유를 두고 자릅니다.

망사 원단 위로 고양이의 얼굴과 팔 부분 을 수놓고 시침질한 실을 제거합니다.

나머지 양산 부분을 시접 1~2mm 여유를 두고 잘라줍니다.

양산을 블랭킷 스티치를 이용해 아플리케 합니다(p.32 아플리케 하는 방법(블랭킷 스 티치 이용)을 참고합니다).

사용된 실

DMC 25번사 : 300, 310, 351, 433, 437, 606, 739, 742, 817, 833, 834, 892, 898,
920, 959, 964, 967, 3012, 3824, 3826, 3846, 3854, 3855, ecru, B5200

그 외 재료

12×12cm 목재 패널, 뒷막음용 하드 펠트지

사용된 스티치

레이지 데이지 스티치, 롱 앤드 쇼트 스티치, 백 스티치, 새틴 스티치, 스트레이트 스티치,
스플릿 스티치, 아웃트라인 스티치, 프렌치 노트 스티치, 프리 스티치, 플라이 스티치

p.32 리본 묶는 방법을 참고합니다.
p.37 액자 만드는 방법(수틀)을 참고합니다.

새틴s 739(2)
스트레이트s 437(2)
프렌치 노트s 3846(2)
백s 898(1)
새틴s 817(2)
프리s 739(3)
백s 437(2)
플라이s 606(2)

백s 898(1)
새틴s 817(2)
바둑판 모양으로
새틴s 300(2), 3826(2)
프렌치 노트s 920(2)
리본 351(2)
새틴s 967 (2)

레이지 데이지s
+스트레이트s
833(2)
백s 833(2)

백s 898(1)
새틴s 817(2)
프리s B5200(2)
프렌치 노트s 3824(2)
롱 앤드 쇼트s 3854(2)

백s 898(1)
새틴s 817(2)
새틴s B5200(2)
프렌치 노트s
3846(2)
플라이s 606(2)
프리s B5200(2)

백s 3012(1)
새틴s 606 (2)

아우트라인s
920(2)
백s 898(1)
새틴s 817(2)
스플릿s
3855(2)
롱 앤드 쇼트s 3826(2)

백s 898(1)
새틴s 817(2)
새틴s 433(2)
프리s 433(2)
프렌치 노트s
959(2)
플라이s 606(2)
프리s ecru(2)

백s 898(1)
새틴s 817(2)
프리s ecru (2)
프렌치 노트s 920(2)
롱 앤드 쇼트s 300(2)

레이지 데이지s
+스트레이트s
834(2)
백s 834(2)

스플릿s 964(2)
프렌치 노트s 300(2)
롱 앤드 쇼트s 967(2)
아우트라인s 892(2)

백s 898(1)
새틴s 817(2)
새틴s 310(2)
프렌치 노트s 742(2)
프리s 310(2)
플라이s 606(2)

➤═┉╫╍▶
도안 설명은 스티치→실 번호→(실의 가닥 수)로 표기했습니다.
예) 프리s 310(2) : 310번 실 2가닥으로 프리 스티치를 합니다.

냥이의 티타임
와펜

사용된 실

DMC 25번사 : 310, 606, 646, 742, 754, 822, 892, 893, 938, 948, 959,
3777, 3778, 3863, 3866, 3891, ecru, B5200 | DMC 메탈릭사 : 4300

그 외 재료

2mm 두께의 하드 펠트지

사용된 스티치

레이지 데이지 스티치, 롱 앤드 쇼트 스티치, 백 스티치, 새틴 스티치, 스트레이트 스티치,
스플릿 스티치, 아웃트라인 스티치, 체인 스티치, 프렌치 노트 스티치, 프리 스티치, 플라이 스티치

p.35 와펜 만드는 방법(새틴 스티치 이용)을 참고합니다.

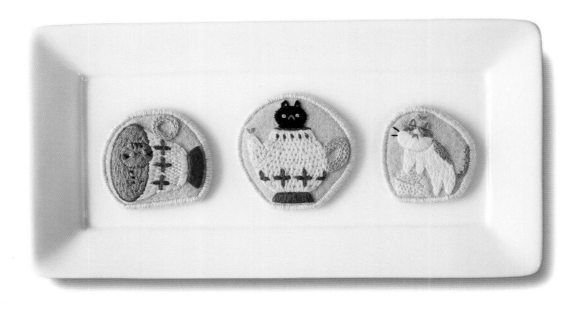

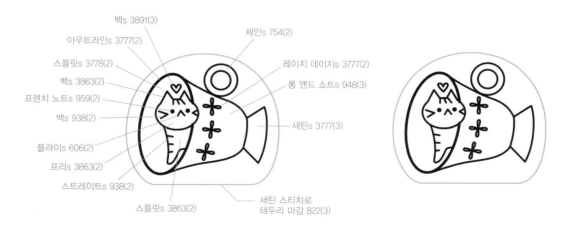

백s 3891(3)

아우트라인s 3777(2)

스플릿s 3778(2)

백s 3863(2)

프렌치 노트s 959(2)

백s 938(2)

플라이s 606(2)

프리s 3863(2)

스트레이트s 938(2)

스플릿s 3863(2)

체인s 754(2)

레이지 데이지s 3777(2)

롱 앤드 쇼트s 948(3)

새틴s 3777(3)

새틴 스티치로
테두리 마감 822(3)

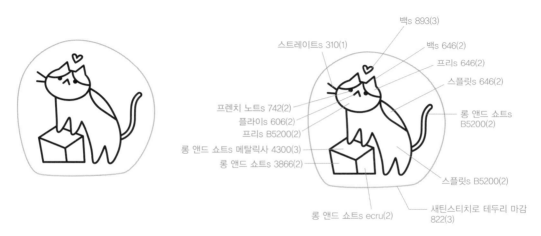

백s 893(3)

스트레이트s 310(1)

백s 646(2)

프리s 646(2)

스플릿s 646(2)

프렌치 노트s 742(2)

플라이s 606(2)

프리s B5200(2)

롱 앤드 쇼트s 메탈릭사 4300(3)

롱 앤드 쇼트s 3866(2)

롱 앤드 쇼트s
B5200(2)

스플릿s B5200(2)

롱 앤드 쇼트s ecru(2)

새틴스티치로 테두리 마감
822(3)

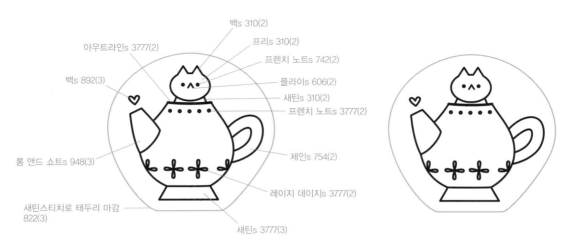

백s 310(2)

아우트라인s 3777(2)

프리s 310(2)

프렌치 노트s 742(2)

플라이s 606(2)

백s 892(3)

새틴s 310(2)

프렌치 노트s 3777(2)

체인s 754(2)

롱 앤드 쇼트s 948(3)

레이지 데이지s 3777(2)

새틴스티치로 테두리 마감
822(3)

새틴s 3777(3)

도안 설명은 스티치→실 번호→(실의 가닥 수)로 표기했습니다.
예) 프리s 310(2) : 310번 실 2가닥으로 프리 스티치를 합니다.

사용된 실

DMC 25번사 : 225, 310, 471, 472, 606, 742, 935, 959, 3362, 3811, B5200

그 외 재료

10cm 수틀, 뒷막음용 하드 펠트지

사용된 스티치

롱 앤드 쇼트 스티치, 백 스티치, 스트레이트 스티치, 스플릿 스티치,
아우트라인 스티치, 프렌치 노트 스티치, 프리 스티치, 플라이 스티치

p.37 액자 만드는 방법(수틀)을 참고합니다.

스트레이트s 3811(3)

스트레이트s 225(3)

스트레이트s 471(3)

롱 앤드 쇼트s 472(3)

아우트라인s 3362(2)

롱 앤드 쇼트s 471(3)

아우트라인s 3362(3)

롱 앤드 쇼트s 935(3)

백s 742(2)

백s 310(2)

프리s 742(2)

프렌치 노트s 959(2)

프리s B5200(2)

프리s 310(2)

백s 310(2)

플라이s 606(2)

롱 앤드 쇼트s 310(2)

프리s 310(2)

롱 앤드 쇼트s B5200(2)

프리s B5200(2)

플라이s 310(1)

스플릿s B5200(2)

백s 310(1)

도안 설명은 스티치→실 번호→(실의 가닥 수)로 표기했습니다.
예) 프리s 310(2) : 310번 실 2가닥으로 프리 스티치를 합니다.

129

사용된 실

DMC 25번사 : 606, 632, 646, 754, 834, 921, 935, 959, 3777, 3820, B5200

그 외 재료

4cm 약 케이스 부자재

사용된 스티치

백 스티치, 새틴 스티치, 스트레이트 스티치, 스플릿 스티치, 프렌치 노트 스티치,
프리 스티치, 플라이 스티치, 피시본 스티치, 크로스 스티치

▶ᗇ▶
도안 설명은 스티치→실 번호→(실의 가닥 수)로 표기했습니다.
예) 프리s 310(2) : 310번 실 2가닥으로 프리 스티치를 합니다.

약 케이스 만드는 방법

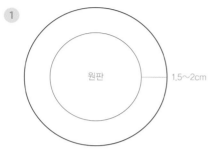

① 원단을 부자재 원판의 크기보다 1.5~2cm 정도 크게 재단합니다.

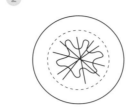

② 원판을 원단으로 감싼 후, 뒷면을 손바느질로 홈질하여 조여줍니다. 지그재그로 바느질해 더 꼼꼼하게 조여줍니다.

③ 약함 부자재 위에 글루건이나 본드를 이용하여 붙여줍니다.

PART
04

시원하다냥

풍경

사용된 실

DMC 25번사 : 02, 21, 22, 317, 444, 606, 608, 644, 645, 747, 783, 905, 958, 3371, 3846, B5200
애플톤 울사 : 205, 886, 991B,

그 외 재료

2mm 비즈(주황), 2mm 두께의 하드 펠트지, 솜, 풍경, 레이스 실, 장식 비즈, 목봉

사용된 스티치

레이지 데이지 스티치, 롱 앤드 쇼트 스티치, 백 스티치, 블랭킷 스티치, 새틴 스티치, 스트레이트 스티치,
스플릿 스티치, 터키 러그 스티치, 프렌치 노트 스티치, 프리 스티치, 플라이 스티치

p.34 와펜 만드는 방법(블랭킷 스티치 이용)을 참고합니다.

스트레이트s B5200(2)

백s 02(2)

레이지 데이지s 747(2)

블랭킷 스티치로
테두리 마감
애플톤 울사 886(1)

레이지 데이지s B5200(2)

블랭킷 스티치로 테두리 마감
애플톤 울사 991B(1)

스트레이트s B5200(3)

백s B5200(2)

레이지 데이지s 747(3)

롱 앤드 쇼트s 444(2)

백s 317(2)

프렌치 노트s 3846(2)

프리s 317(2)

플라이s 606(2)

롱 앤드 쇼트s 317(2)

리본 444(2)
2mm 주황색 비즈

백s 747(2)

스플릿s 317(2)

백s B5200(2)

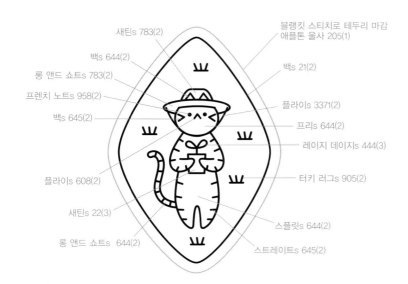

새틴s 783(2)

백s 644(2)

롱 앤드 쇼트s 783(2)

프렌치 노트s 958(2)

백s 645(2)

플라이s 608(2)

새틴s 22(3)

롱 앤드 쇼트s 644(2)

블랭킷 스티치로 테두리 마감
애플톤 울사 205(1)

백s 21(2)

플라이s 3371(2)

프리s 644(2)

레이지 데이지s 444(3)

터키 러그s 905(2)

스플릿s 644(2)

스트레이트s 645(2)

도안 설명은 스티치→실 번호→(실의 가닥 수)로 표기했습니다.
예) 프리s 310(2) : 310번 실 2가닥으로 프리 스티치를 합니다.

풍경 만드는 과정

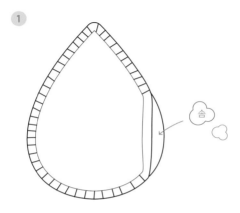

① 테두리를 블랭킷 스티치로 70% 정도 둘렀을 때 솜을 채워줍니다.

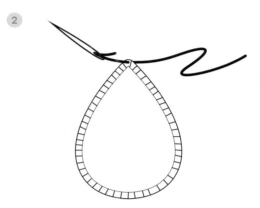

② 블랭킷 스티치한 부분에 레이스 실을 걸어 연결합니다.

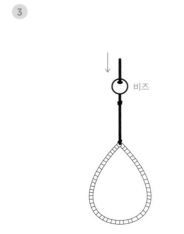

③ 실 중간에 매듭을 묶고 비즈를 꿰어 장식합니다.

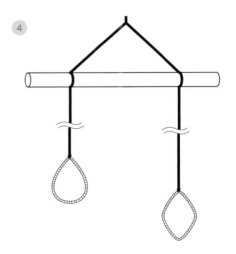

④ 목봉의 양끝에 풍경을 걸어 장식합니다.

사용된 실

DMC 25번사 : 310, 606, 742, 745, 972

그 외 재료

2mm 비즈(골드), 1.5mm 비즈(골드), 막대 비즈(로즈 골드),
내경 12cm수틀, 수틀 뒷막음용 하드 펠트지

사용된 스티치

롱 앤드 쇼트 스티치, 백 스티치, 스트레이트 스티치, 스플릿 스티치,
체인 스티치, 프렌치 노트 스티치, 프리 스티치, 플라이 스티치

p.37 액자 만드는 방법(수틀)을 참고합니다.

롱 앤드 쇼트s 310(2)

백s 310(2)

프리s 310(2)

프렌치 노트s 742(2)

플라이s 606(2)

스플릿s 310(2)

막대 비즈(로즈 골드)

스트레이트s 745(2)

2mm 비즈(골드)

1.5mm 비즈(골드)

체인s 972(2)

도안 설명은 스티치→실 번호→(실의 가닥 수)로 표기했습니다.
예) 프리s 310(2) : 310번 실 2가닥으로 프리 스티치를 합니다.

풍선을 타고,
파우치

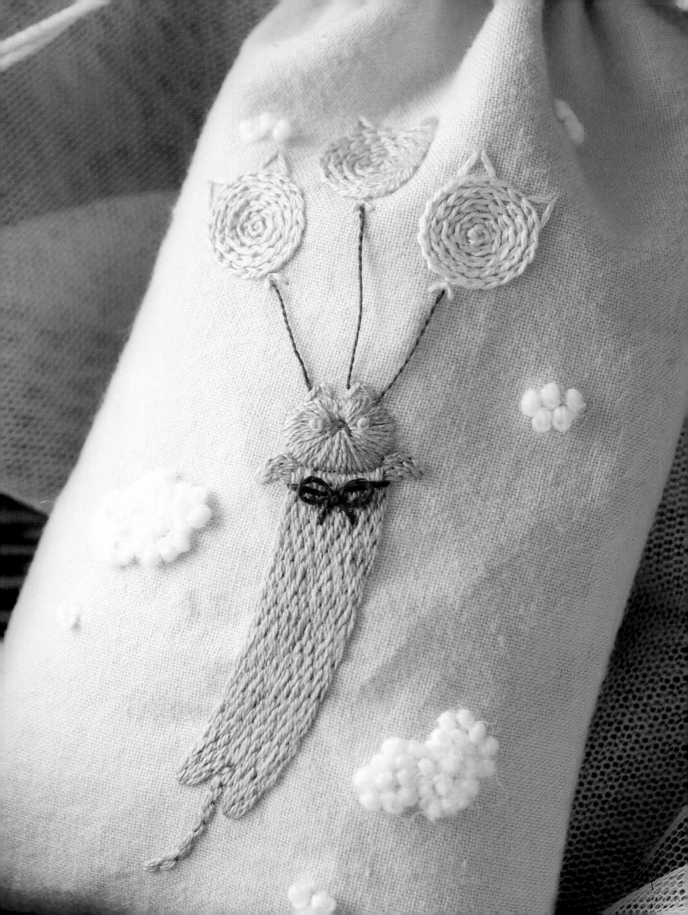

사용된 실

DMC 25번사 : 19, 25, 318, 606, 3824, 3846, 3857 | 애플톤 울사 : 991B

그 외 재료

안감용 원단, 30cm 끈 2개

사용된 스티치

롱 앤드 쇼트 스티치, 백 스티치, 스트레이트 스티치, 스플릿 스티치,
체인 스티치, 프렌치 노트 스티치, 프리 스티치, 플라이 스티치

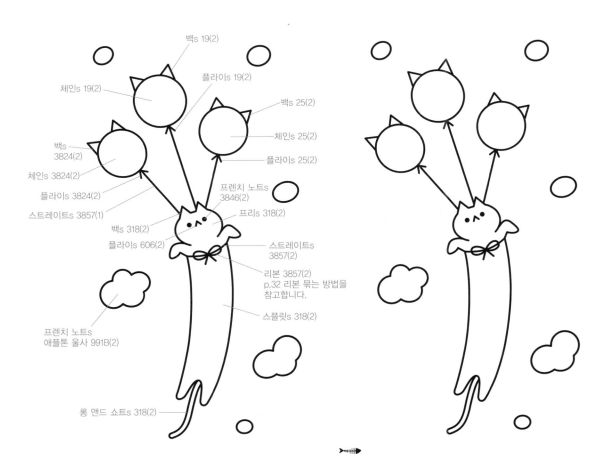

백s 19(2)

플라이s 19(2)

체인s 19(2)

백s 25(2)

체인s 25(2)

백s
3824(2)

플라이s 25(2)

체인s 3824(2)

플라이s 3824(2)

스트레이트s 3857(1)

프렌치 노트s
3846(2)

프리s 318(2)

백s 318(2)

스트레이트s
3857(2)

플라이s 606(2)

리본 3857(2)
p.32 리본 묶는 방법을
참고합니다.

스플릿s 318(2)

프렌치 노트s
애플톤 울사 991B(2)

롱 앤드 쇼트s 318(2)

도안 설명은 스티치→실 번호→(실의 가닥 수)로 표기했습니다.
예) 프리s 310(2) : 310번 실 2가닥으로 프리 스티치를 합니다.

조리개 파우치 만드는 방법

가로×세로 : 9×35.4cm(겉감 1장, 안감 1장)

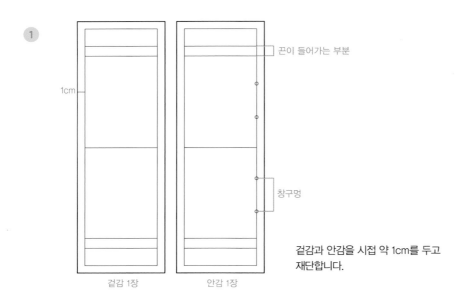

① 끈이 들어가는 부분

1cm

창구멍

겉감 1장　　　안감 1장

겉감과 안감을 시접 약 1cm를 두고
재단합니다.

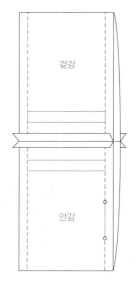

③ 겉감

안감

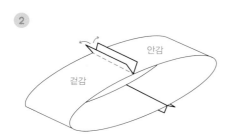

② 안감

겉감

겉감과 안감의 양끝을 박음질로 연결하고 시접을
양옆으로 갈라 다림질합니다.

겉감은 끈이 들어가는 부분을 제외하고 박음질해주고,
안감은 창구멍을 제외하고 박음질합니다.

4

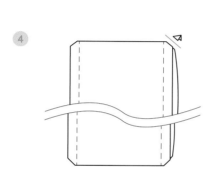

시접을 짧게 자르고, 모서리 부분에 가위집을 냅니다.

5

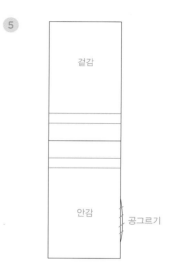

겉감

안감

공그르기

창구멍을 통해 뒤집어주고, 창구멍은
공그르기로 마무리합니다.

6

안감을 겉감 주머니에 넣고, 끈이 들어가는 부분을
홈질로 빙 둘러 바느질합니다.

7

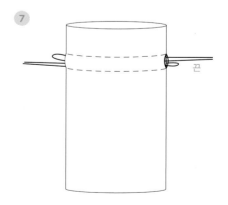

끈

끈을 교차해서 통과시킵니다.

바닷속 냥이 모빌

사용된 실

DMC 25번사 : 13, 14, 23, 300, 310, 349, 369, 554, 606, 608, 742,
778, 817, 967, 3722, 3760, 3826, 3845, 3846, 3855, ecru, B5200
DMC 메탈릭사 : 4041 | 마데이라 메탈릭사 : 24

그 외 재료

아플리케용 원단, 솜, 나뭇가지(혹은 목봉), 끈

사용된 스티치

롱 앤드 쇼트 스티치, 백 스티치, 새틴 스티치, 스트레이트 스티치, 스플릿 스티치,
아웃라인 스티치, 체인 스티치, 프렌치 노트 스티치, 프리 스티치, 플라이 스티치

p.33 아플리케 하는 방법(새틴 스티치 이용)을 참고합니다.

아플리케 하는 과정

새틴으로 아플리케 하는 이외의 부분은 도안에 따라 자연스럽게 연결하여 자수합니다.

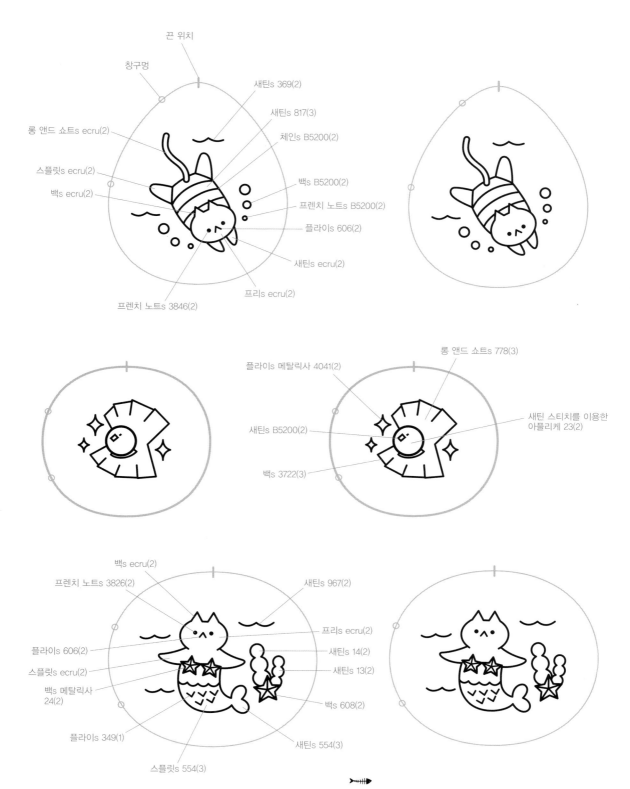

끈 위치

창구멍

새틴s 369(2)

새틴s 817(3)

체인s B5200(2)

롱 앤드 쇼트s ecru(2)

백s B5200(2)

스플릿s ecru(2)

프렌치 노트s B5200(2)

백s ecru(2)

플라이s 606(2)

새틴s ecru(2)

프리s ecru(2)

프렌치 노트s 3846(2)

플라이s 메탈릭사 4041(2)

롱 앤드 쇼트 778(3)

새틴s B5200(2)

새틴 스티치를 이용한
아플리케 23(2)

백s 3722(3)

백s ecru(2)

새틴s 967(2)

프렌치 노트s 3826(2)

플라이s 606(2)

프리s ecru(2)

스플릿s ecru(2)

새틴s 14(2)

백s 메탈릭사
24(2)

새틴s 13(2)

플라이s 349(1)

백s 608(2)

새틴s 554(3)

스플릿s 554(3)

➤┉┉┉➤

도안 설명은 스티치→실 번호→(실의 가닥 수)로 표기했습니다.
예) 프리s 310(2) : 310번 실 2가닥으로 프리 스티치를 합니다.

 155

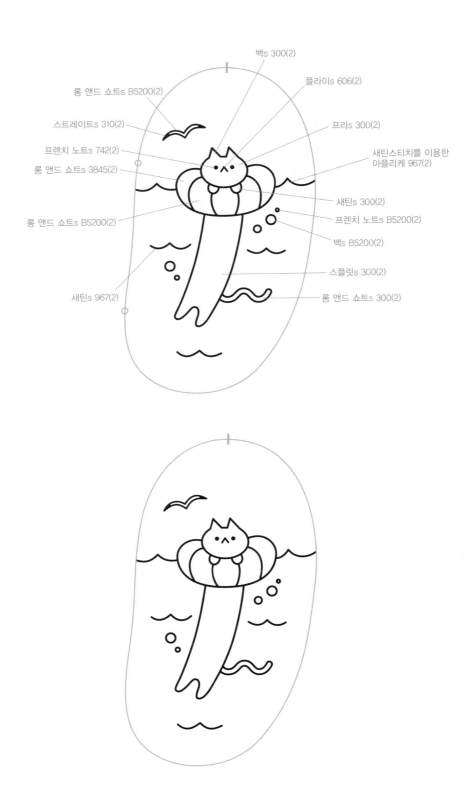

백s 300(2)

플라이s 606(2)

롱 앤드 쇼트s B5200(2)

스트레이트s 310(2)

프리s 300(2)

프렌치 노트s 742(2)

새틴스티치를 이용한
아플리케 967(2)

롱 앤드 쇼트s 3845(2)

새틴s 300(2)

롱 앤드 쇼트s B5200(2)

프렌치 노트s B5200(2)

백s B5200(2)

스플릿s 300(2)

새틴s 967(2)

롱 앤드 쇼트s 300(2)

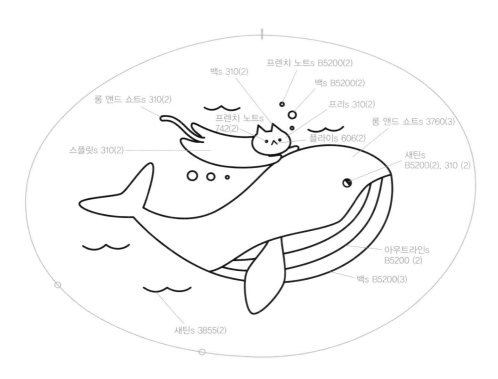

롱 앤드 쇼트s 310(2)

백s 310(2)

프렌치 노트s B5200(2)

백s B5200(2)

프리s 310(2)

프렌치 노트s 742(2)

스플릿s 310(2)

롱 앤드 쇼트s 3760(3)

플라이s 606(2)

새틴s B5200(2), 310 (2)

아우트라인s B5200 (2)

백s B5200(3)

새틴s 3855(2)

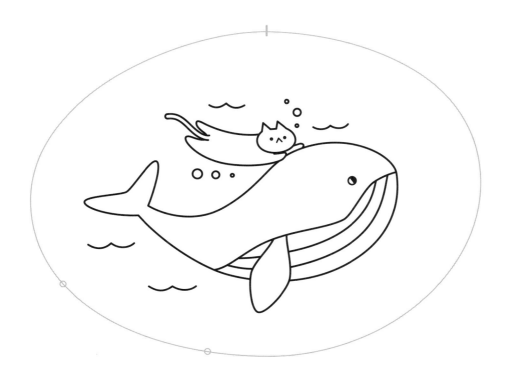

모빌 만드는 방법

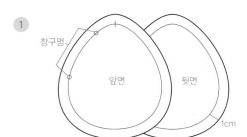

① 자수를 마친 앞면과 뒷면을 시접 1cm를 더해
재단합니다.

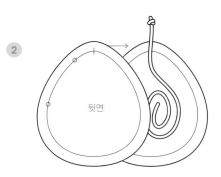

② 자수가 있는 면 상단부 중심에 끈을 대고
뒷면을 맞댑니다.

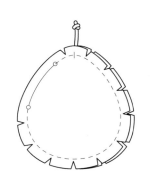

③ 창구멍을 남기고 손바느질합니다. 바느질을
마친 부분의 시접에 가위집을 냅니다.

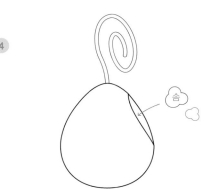

④ 창구멍을 통해 겉면이 나오도록 뒤집어
속을 솜으로 채워줍니다.

⑤ 공그르기로 마무리합니다.

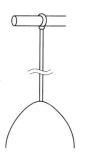

⑥ 나뭇가지(목봉)에 잘 묶어줍니다.

금붕어와 냥이

사용된 실

DMC 25번사 : 07, 154, 598, 606, 640, 760, 3712, 3846, ecru

그 외 재료

2mm 비즈(실버), 스팽글(보라), 7.5cm 수틀, 수틀 뒷막음용 하드 펠트지

사용된 스티치

롱 앤드 쇼트 스티치, 백 스티치, 새틴 스티치, 스트레이트 스티치,
스플릿 스티치, 프렌치 노트 스티치, 프리 스티치, 플라이 스티치

p.37 액자 만드는 방법(수틀)을 참고합니다.

프렌치 노트s
606(2), ecru(2), 640(2)

플라이s 606(2)

백s 606(4)

새틴s 07(2)

프렌치 노트s 3846(2)

스트레이트s
606(2), 598(2),3712(2), ecru(2)
네 가지 색을 자유롭게 사용합니다.

프리s ecru(2)
얼굴과 몸통은 스플릿으로
자연스럽게 연결합니다.

스팽글(보라),
2mm 비즈(실버)

새틴s 598(2)

프리s 3712(2), 760(2)
3712로 듬성듬성 수를 놓은 뒤,
남은 부분을 760으로 채워줍니다.

스트레이트s
606(2)

백s 07(2)

스플릿s ecru(2)

스플릿s 07(2)

프렌치 노트s+스트레이트s 598(2)

프렌치 노트s+스트레이트s ecru(2)

롱 앤드 쇼트s ecru(2)

백s 606(2)

새틴s 07(2)

롱 앤드 쇼트s 606(2)

스트레이트s ecru(2)

프렌치 노트s 154(2)

>++++▶
도안 설명은 스티치→실 번호→(실의 가닥 수)로 표기했습니다.
예) 프리s 310(2) : 310번 실 2가닥으로 프리 스티치를 합니다.

목욕 시간 ✦

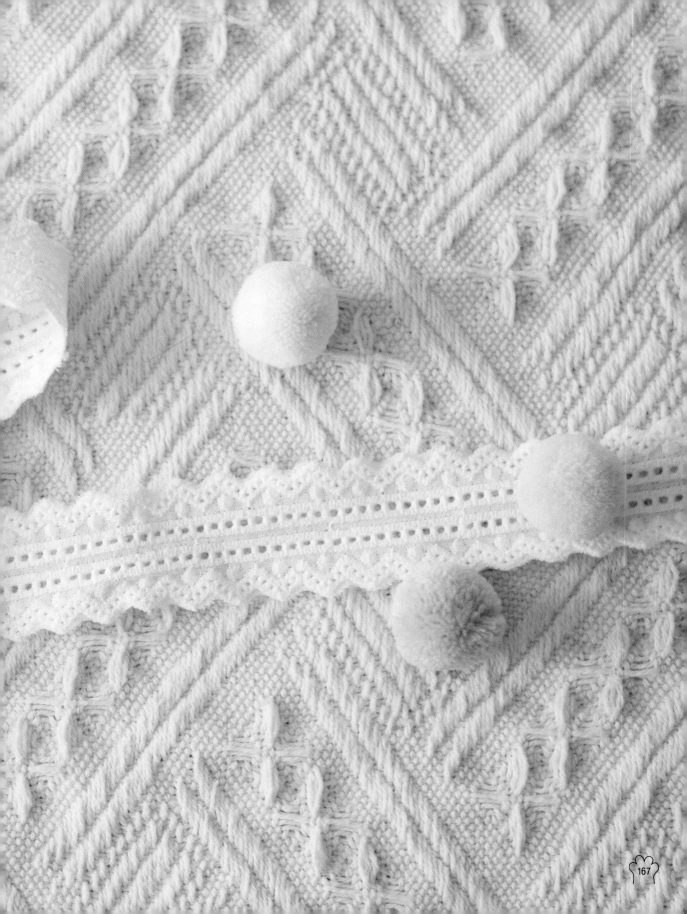

사용된 실

DMC 25번사 : 22, 23, 224, 225, 310, 326, 606, 742, 743,
826, 834, 938, 959, 3051, 3325, 3853, 3863, ecru, B5200

그 외 재료

2mm 비즈(투명, 반투명), 막대 비즈(투명), 아플리케용 아이보리색 소프트 펠트지,
10.5cm 수틀, 수틀 뒷막음용 하드 펠트지

사용된 스티치

레이지 데이지 스티치, 롱 앤드 쇼트 스티치, 백 스티치, 블랭킷 스티치, 새틴 스티치, 스트레이트 스티치,
스플릿 스티치, 아웃라인 스티치, 체인 스티치, 프렌치 노트 스티치, 프리 스티치, 플라이 스티치

p.32 아플리케 하는 방법(블랭킷 스티치 이용)을 참고합니다.
p.37 액자 만드는 방법(수틀)을 참고합니다.

롱 앤드 쇼트s 22(3)
아우트라인s 224(2)
스트레이트s 3325(2)
2mm 비즈(투명, 반투명)
막대 비즈(투명)
프렌치 노트s B5200(2)
백s 3325(2)
백s B5200(2)
아우트라인s 23(2)
레이지 데이지s 3325(2)
스트레이트s B5200(2)
레이지 데이지s B5200(2)
새틴s 224(2)
블랭킷s 22(2)
스트레이트s 938(2)
스트레이트s 3853(4)
새틴s 743(3)
백s 3051(2)
백s 834(2)
롱 앤드 쇼트s 326(3)
스트레이트s 826(2)
새틴s B5200(2)
새틴s 826(2)
새틴s ecru(2)
아플리케
아이보리색 소프트 펠트지
블랭킷s ecru(1)
체인s 225(2)
프렌치 노트s 224(2)

백s 3863(2)
프렌치 노트s 959(2)
백s 938(2)
플라이s 606(2)
백s 310(2)
스트레이트s 938(2)
프렌치 노트s 742(2)
스플릿s 3863(2)
프리s 3863(2)
플라이s 606(2)
프리s 310(2)
2mm 비즈(투명, 반투명)
막대 비즈(투명)

도안 설명은 스티치→실 번호→(실의 가닥 수)로 표기했습니다.
예) 프리s 310(2) : 310번 실 2가닥으로 프리 스티치를 합니다.

PART
05

오늘은 특별한 냥이

발레리냥 ✦

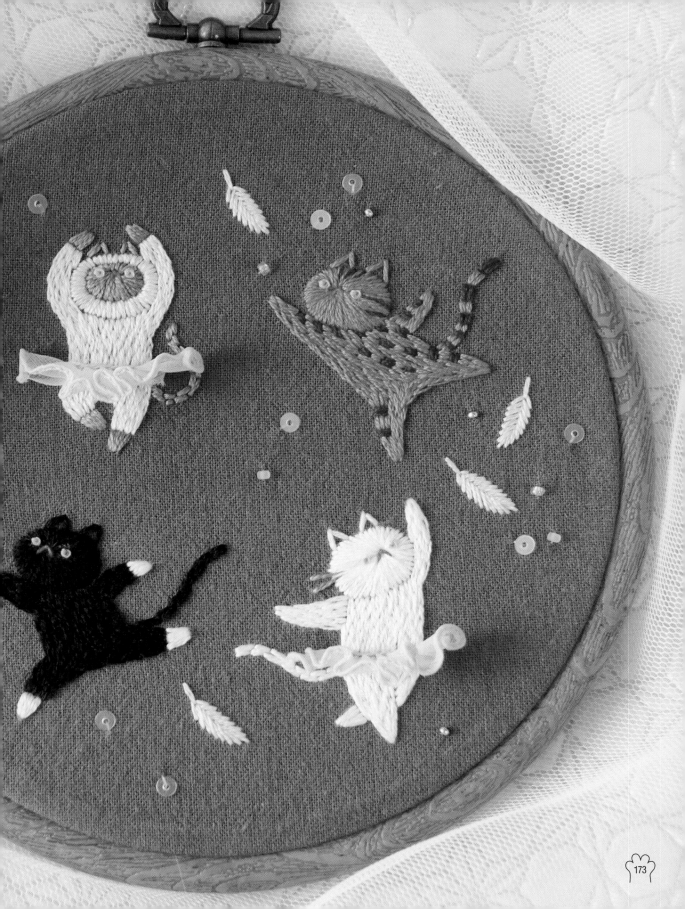

사용된 실

DMC 25번사 : 300, 310, 608, 742, 959,
976, 3713, 3846, 3863, 3866, ecru, B5200

그 외 재료

1.5mm 비즈(실버), 2mm 비즈(투명, 무광 핑크),
스팽글(투명), 13cm 수틀, 수틀 뒷막음용 하드 펠트지

사용된 스티치

롱 앤드 쇼트 스티치, 백 스티치, 새틴 스티치, 스트레이트 스티치,
스플릿 스티치, 프렌치 노트 스티치, 프리 스티치, 플라이 스티치, 피시본 스티치

p.37 액자 만드는 방법(수틀)을 참고합니다.

스트레이트s 3866(2)

백s
3863(3)

새틴s
3863(3)

피시본s
3866(2)

스플릿s
ecru(3)

스트레이트s
300(2)

새틴s
ecru(3)

프렌치 노트s
3846(2)

프렌치 노트s
959(2)

백s 976(3)

프리s
3863(3)

플라이s 608(2)

프리s
976(3)

새틴s
300(3)

새틴s
976(3)

백s
3713(2)

스플릿s
976(3)

새틴s
300(2)

롱 앤드 쇼트s
3863(3)

프렌치 노트s 742 (2)

백s
310(3)

롱 앤드 쇼트s
310 (3)

백s
B5200(3)

플라이s 608(2)

프리s
310(3)

프렌치 노트s
3846(2)

1.5mm 비즈(실버),
2mm 비즈
(투명. 무광 핑크)

프리s
B5200(3)

플라이s
608(2)

투명 스팽글

스플릿s
310(3)

스트레이트s
3863(2)

스플릿s
B5200(3)

새틴s
B5200(3)

롱 앤드 쇼트s
B5200(3)

백s
3713(2)

도안 설명은 스티치→실 번호→(실의 가닥 수)로 표기했습니다.
예) 프리s 310(2) : 310번 실 2가닥으로 프리 스티치를 합니다.

175

발레리나 스커트 다는 방법

허리 라인을 남긴 채 고양이 몸통을 수놓습니다.

7×1.5cm로 자른 망사 리본의 끝 1cm를 말아 허리 라인의 오른쪽 끝부분에 고정합니다.

왼쪽 방향으로 지그재그 모양으로 리본을 말아 백 스티치로 고정해갑니다.

허리 라인을 따라 망사 리본을 잘 달아준 모습입니다.

백 스티치 아랫부분의 망사 리본을 약 2mm 정도를 남기고 잘라냅니다.

위로 향해 있던 망사 리본을 아래 방향으로 꾹 눌러 접어줍니다. 수직 방향의 스트레이트 스티치를 수놓아 스커트가 아래 방향으로 내려가도록 고정해줍니다.

아래 방향으로 고정되었다면 허리 라인에 백 스티치를 놓아줍니다.

스커트가 완성된 모습

사용된 실

DMC 25번사 : 19, 20, 150, 154, 300, 310, 349, 603, 606, 608, 740, 742,
744, 832, 890, 898, 959, 3013, 3051, 3341, 3731, 3846, ecru, B5200

그 외 재료

16.5×10cm 목재 패널, 뒷막음용 하드 펠트지

사용된 스티치

레이지 데이지 스티치, 롱 앤드 쇼트 스티치, 백 스티치, 새틴 스티치, 스트레이트 스티치,
스파이더 웹 로즈 스티치, 스플릿 스티치, 아우트라인 스티치, 체인 스티치, 터키 러그 스티치,
프렌치 노트 스티치, 프리 스티치, 플라이 스티치, 피시본 스티치

p.36 액자 만드는 방법(목재 패널)을 참고합니다.
p.36 가장자리 수술 만드는 방법을 참고합니다.

피시본s 744(2)

스플릿s 150(3)

프렌치 노트s 154(3)

체인s B5200(2)

프렌치 노트s 154(2)

새틴s B5200(2)

새틴s 959(2)

피시본s 3341(3)

플라이s 603(2)

롱 앤드 쇼트s 898(3)

아웃라인s 154(2)

스트레이트s+ 레이지 데이지s 608(3)

프렌치 노트s 150(3)

레이지 데이지s 742(2)

레이지 데이지s 740(2)

백s 310(2)

레이지 데이지s 608(2)

백s 300(2)

레이지 데이지s 3731(2)

백s ecru(2)

프렌치 노트s 742(2)

프렌치 노트s 959(2)

프렌치 노트s 3846(2)

프리s 310(2)

플라이s 606(2)

프리s 300(2)

플라이s 606(2)

프렌치 노트s 832(2)

스플릿s 310(2)

프렌치 노트s 20(2)

프렌치 노트s 3731(2)

스파이더 웹 로즈s 19(2)

프리s ecru(2)

스파이더 웹 로즈s 19(2)

백s ecru(2)

스파이더 웹 로즈s 19(2)

백s 310(2)

새틴s 3013(3)

롱 앤드 쇼트s 310(2)

백s 310(2)

스플릿s ecru(2)

새틴s 744(3)

스트레이트s+ 레이지 데이지s 890(3)

롱 앤드 쇼트s 300(2)

롱 앤드 쇼트s ecru (2)

아웃라인s 150(2)

아웃라인s 832(2)

스플릿s 300(2)

터키 러그s 상단 : 832(3), 740(3) 하단 : 349(2)

터키 러그s 상단 : 3051(3) 하단 : 20(3) , 608(2)

터키 러그s 상단 : 3051(2), 3731(3) 하단 : 832(2)

하와이안 스커트 : 원단의 상하 방향을 뒤집어 스커트의 하단을 먼저 작업한 후 상단을 작업합니다.

도안 설명은 스티치→실 번호→(실의 가닥 수)로 표기했습니다.
예) 프리s 310(2) : 310번 실 2가닥으로 프리 스티치를 합니다.

사용된 실

DMC 25번사 : 19, 221, 310, 606, 727, 740, 742,
745, 920, 970, 3771, 3799, 3823 │ 마데이라 메탈릭사 : 24

그 외 재료

2mm 비즈(골드), 아플리케용 원단,
20×15cm 목재 패널, 뒷막음용 하드 펠트지

사용된 스티치

롱 앤드 쇼트 스티치, 백 스티치, 새틴 스티치, 스트레이트 스티치, 스플릿 스티치,
아우트라인 스티치, 체인 스티치, 크로스 스티치, 프렌치 노트 스티치, 프리 스티치, 플라이 스티치

p.33 아플리케 하는 방법(새틴 스티치 이용)을 참고합니다.
p.32 리본 묶는 방법을 참고합니다.
p.36 액자 만드는 방법(목재 패널)을 참고합니다.

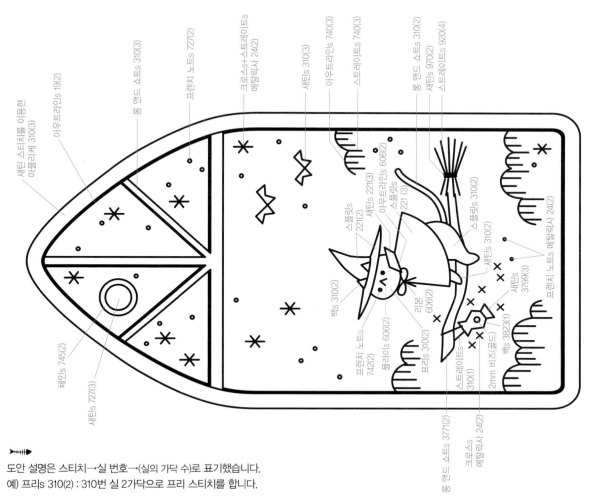

세틴 스티치를 이용한 아플리케 310(3)

아웃트라인s 19(2)

롱 엔드 쇼트s 310(3)

프렌치 노트s 727(2)

크로스+스트레이트s 메탈릭사 24(2)

세틴s 310(3)

아웃트라인s 740(3)

스트레이트s 740(3)

롱 엔드 쇼트s 310(2)

세틴s 970(2)

스트레이트s 920(4)

백s 310(2)

아웃트라인s 606(2)

스플릿s 221 (3)

스플릿s 310(2)

스플릿s 221(2)

세틴s 221(3)

세틴s 310(2)

프렌치 노트s 메탈릭사 24(2)

세틴s 3799(3)

리본 606(2)

백s 3823(1)

프렌치 노트s 742(2)

플라이s 606(2)

모리s 310(2)

스트레이트s 310(1)

2mm 비즈골드

체인s 745(2)

세틴s 727(3)

롱 엔드 쇼트s 377(2)

크로스 메탈릭사 24(2)

>>==▶

도안 설명은 스티치→실 번호→(실의 가닥 수)로 표기했습니다.
예) 프리s 310(2) : 310번 실 2가닥으로 프리 스티치를 합니다.

사랑의 큐피트냥

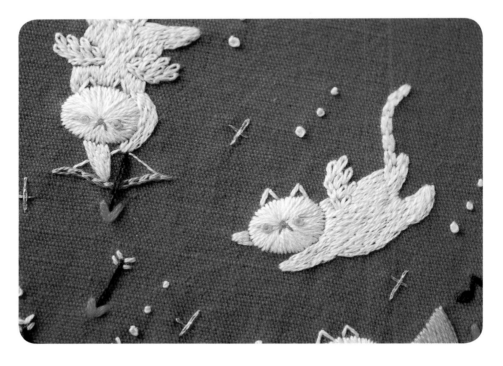

사용된 실

DMC 25번사 : 606, 742, 3072, 3078, 3371, 3713,
3778, 3846, ecru │ 마데이라 메탈릭사 : 24

그 외 재료

21×20cm 목재 패널, 뒷막음용 하드 펠트지

사용된 스티치

레이지 데이지 스티치, 롱 앤드 쇼트 스티치, 백 스티치, 새틴 스티치, 스트레이트 스티치,
스플릿 스티치, 체인 스티치, 프렌치 노트 스티치, 프리 스티치, 플라이 스티치, 크로스 스티치

p.36 액자 만드는 방법(목재 패널)을 참고합니다.

▶▬▬▶
도안 설명은 스티치→실 번호→(실의 가닥 수)로 표기했습니다.
예) 프리s 310(2) : 310번 실 2가닥으로 프리 스티치를 합니다.

사용된 실

DMC 25번사 : 153, 349, 353, 603, 606, 608, 741, 832,
834, 890, 907, 938, 3846, ecru | DMC 메탈릭사 : 4041 | 마데이라 메탈릭사 : 24

그 외 재료

1.5~2mm 비즈(골드, 실버, 백색), 막대 비즈(투명, 실버),
7.5cm 수틀, 뒷막음용 하드 펠트지

사용된 스티치

롱 앤드 쇼트 스티치, 백 스티치, 스트레이트 스티치, 스플릿 스티치,
프렌치 노트 스티치, 프리 스티치, 플라이 스티치

p.32 리본 묶는 방법을 참고합니다.
p.37 액자 만드는 방법(수틀)을 참고합니다.

스트레이트s 메탈릭사 24(2)

백s 메탈릭사 24(2)

백s 메탈릭사 4041(2)

프렌치 노트s 608(2)

백s 153(2)

백s 349(2)

1.5~2mm 비즈(골드, 실버, 백색)
막대 비즈(투명,실버)

프렌치 노트s 353(2)

백s
832(2)

백s 907(2)

스트레이트s 890(2)

백s 741(2)

백s 890(2)

백s ecru(2)

프리s ecru(2)

백s 메탈릭사 4041(2)

백s 603(2)

스트레이트s 메탈릭사 4041(2)

백s 834(2)

리본
890(2)

프렌치 노트s 3846(2)

플라이s 606(2)

롱 앤드 쇼트s ecru(2)

스플릿s
ecru(2)

프렌치 노트s 349(2)

백s 메탈릭사 4041(2)

백s 938(2)

Merry Christmas~

~Merry Christmas~

➤┉┉┉► 도안 설명은 스티치→실 번호→(실의 가닥 수)로 표기했습니다.
예) 프리s 310(2) : 310번 실 2가닥으로 프리 스티치를 합니다.

꽁냥꽁냥
고양이 자수

초판 1쇄 발행 2018년 9월 28일
초판 3쇄 발행 2020년 10월 5일

지은이 전지선
펴낸이 이지은 **펴낸곳** 팜파스
기획 · 진행 이진아 **편집** 정은아
디자인 조성미 **마케팅** 김민경, 김서희
인쇄 케이피알커뮤니케이션

출판등록 2002년 12월 30일 제10-2536호
주소 서울시 마포구 어울마당로5길 18 팜파스빌딩 2층
대표전화 02-335-3681 **팩스** 02-335-3743
홈페이지 www.pampasbook.com | blog.naver.com/pampasbook
페이스북 www.facebook.com/pampasbook2018
인스타그램 www.instagram.com/pampasbook
이메일 pampas@pampasbook.com

값 16,800원
ISBN 979-11-7026-220-6 (13590)

이 도서의 국립중앙도서관 출판시도서목록(CIP)은 서지정보유통지원시스템 홈페이지
(http://seoji.nl.go.kr)와 국가자료공동목록시스템(http://www.nl.go.kr/kolisnet)에서
이용하실 수 있습니다.(CIP제어번호: CIP2018028374)